李澍晔叔叔避险高招 **101**系

安全避险
你该怎么办？

鸣～～～．．．．．．

李澍晔　刘燕华/著　　魏　克/插图

中国和平出版社

图书在版编目（CIP）数据

安全避险，你该怎么办？/ 李澍晔等著.—2版.—北京：
中国和平出版社，2009.8
（李澍晔叔叔避险高招101系列）
ISBN 978—7—80201—939—3

I. 安…II. 李…III. 安全教育—青少年读物 IV. X925—49

中国版本图书馆CIP数据核字（2009）第133208号

安全避险，你该怎么办？

李澍晔等　著

出 版 人：肖　斌
责任编辑：庞　旸　杨　光　杨　隽
责任校对：王秀玲
责任印务：宋小仓　　曲利华

出版发行：中国和平出版社
社　　址：北京市海淀区花园路甲13号院7号楼10层（100088）
发 行 部：（010）82093738　82093737（传真）
网　　址：www.hpbook.com
投稿邮箱：hpbook@hpbook.com
经　　销：新华书店
印　　刷：三河市东方印刷有限公司

开　　本：787毫米×1092毫米　1/16
印　　张：15
字　　数：10千字
版　　次：2009年8月第2版　2012年6月第7次印刷
（版权所有　侵权必究）

ISBN 978—7—80201—939—3　　　　　　　　　定价：18.00元

（本书如有印装质量问题，请与我社发行部联系退换）

生命珍贵，生命创造未来。

关爱、呵护每一个生命个体

的存在和发展是我们最大

的职守。

总 序

让青少年"学会生存"，是当前对青少年教育的一个重大课题。青少年是祖国的未来，全面提高综合素质，学会生存尤其重要。

当你遇到意想不到的危险时，你知道怎么对付吗？你敢说我能行吗？青少年的安全问题，是社会、学校、家庭的大问题，一时一刻都不能忽视，全社会都要重视青少年的安全问题。青少年意外伤害的发生，不仅给本人、家庭、学校带来不幸，也会给社会带来不幸。

所以，青少年一定要在提高自身综合素质上下真工夫，积极实践，努力掌握避免各种危险发生的知识技能，提高明辨是非的能力，始终在心中树起安全"警戒线"。警钟应长鸣！

青少年要从现在开始，增强自我保护意识，努力学习各种自我保护知识，勇于吃苦，敢于吃苦，乐于吃苦，磨炼自己的意志，不断提高自己的适应能力。青少年要对未来充满信心，敢于迎接新的挑战。

中国关心下一代工作委员会执行主任　王照华

前言

　　未成年人的安全问题，是社会、学校、家庭所面临的大问题。专家披露：我国每年大约有上千万儿童因各种原因受到人身伤害，其中约6万人死亡。中小学生平均每天约有40人因溺水、交通事故、食物中毒、建筑物倒塌、煤气中毒等意外而死亡。学生意外伤害的发生率呈逐年上升的趋势。这是一组可怕的数字，也是一组足以引起人们高度重视的数字。

　　未成年人的安全隐患发生在校园、家庭、街头及一切与学生活动密切相关的场所。由于人们有时安全意识淡薄，由于未成年人生活、社会经验不足，缺乏安全避险的常识，常常使一些本该避免的悲剧发生。人们痛定思痛，迫切地感到，如果平时对孩子多进行一些安全教育，使他们多掌握一些紧急避险的常识，就能防患于未然，使生命多一分保障。

　　随着生活水平的提高，旅游探险越来越成为一种时尚。许多青少年在"黄金周"、寒暑假，走进大自然，进行野外活动。这本是一件好事。但野外环境复杂多变，有的地方甚至危机四伏，缺乏野外生存经验的青少年常常会遭遇意外危险，甚至付出生命的代价。近年来这样的报道常常见诸报端。因此，对于未成年人和他们的老师、家长来说，迫切地需要一本实用的安全指导书。

　　本书作者长期从事防灾研究，积累了丰富的日常生活中的防灾避险知识和野外生存经验，他从大量真实事件中，精选出101个安全避险的案例，这些案例基本囊括了平日生活中和野外遇险的各类典型场景，告诉孩子们如何预测和规避各种各样的危险，遇到险境，你该怎么办？应该以怎样的知识和心理素质，把危害降到最低，以保证自己的生命安全。

　　希望这本小书能够切实帮助未成年的中小学生们掌握生存、避险的常识，为生命铸起一道安全线。

目 录

\紧\急\情\况

\校\园\安\全

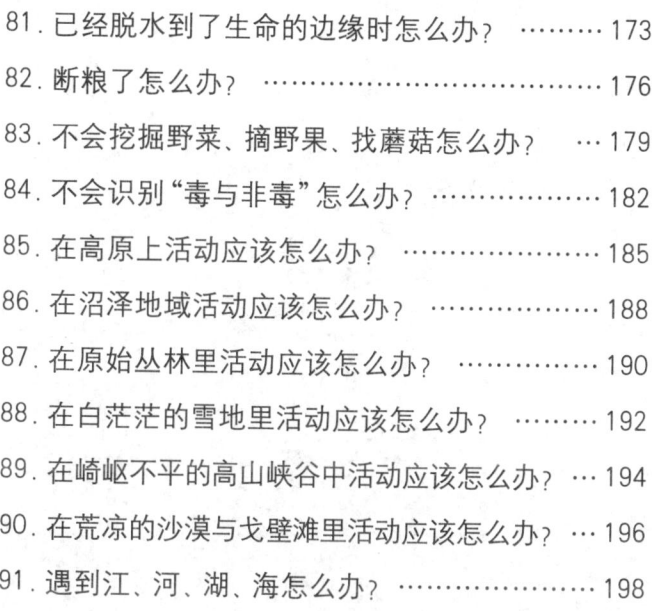

交 通 安 全

1. 横穿马路时怎么办？

真实事件（他被撞出6米远）

　　学生江军早晨起晚了，他害怕迟到，急匆匆地往学校跑。路上机动车很多，人也拥挤，在经过一个路口时，他脑子只想着不能迟到，没有注意观察来往车辆，也没自觉地走人行横道线，而是直接从机动车路线上穿行。一辆急速行驶的汽车拐弯过来，没有躲开江军，司机慌了，踩刹车的脚踩了油门，汽车速度更快了，一下子把江军撞出去6米多远。他

一下子昏迷过去了，被紧急送到医院，抢救了五天五夜，终于醒了过来。但由于江军的脊椎多处骨折，伤势严重，最终还是导致瘫痪，无法站立了。

错误做法

Ⓐ 疏忽大意，着急赶时间上学，脑子里想着事走路，精力不集中。

Ⓑ 没有自觉遵守交通安全，没有按照"一停、二看、三通过"的

办法通过马路，忽视了交通安全问题。

ⓒ 没有走人行横道线，不遵守交通规则，擅自穿越机动车行驶的路线。

正确做法

Ⓐ 自觉遵守交通规则。无论多么紧张，也要把交通安全放在首位；过马路要走人行横道线或者地下通道，不应与机动车争抢道路；过路口时要看红绿灯，不要闯红灯；不在马路上打闹和进行体育活动；也不要围观、看热闹，要听从民警的指挥。

Ⓑ 灵活机动。如果上学真的晚了，可以打车去学校，能争取时间，花点钱也值得，也可以让家长骑车送自己去学校。

Ⓒ 向老师解释清楚。在安全的前提下，以最快的速度到达学校，晚一点也没有关系。只要向老师说明情况，做自我批评，今后改正，老师会原谅你的。

Ⓓ 向警察求救。如果学校要考试，或者有其他紧急情况，确实很紧急，可以请马路上值勤的交通警察或者交管人员帮助，这样就不会有危险了。

你该怎么办？

备忘录

　　交通安全一时一刻也不能忽视，自觉遵守交通规则最重要；珍惜生命，从出门上路开始，过路口要谨慎，尤其是过无红绿灯的路口、马路时，更不能麻痹大意，不能逞能，满不在乎，自以为从机动车中穿行没问题，万一出了意外后悔就晚了。

2.遇到马车时怎么办？

真实事件（双腿骨折，休学半年）

现在城市的街道上很少能见到马车了。一天放学时，学生高新看到一辆运蜂窝煤的马车。他觉得新鲜，主动凑上去与大黑马逗着玩。他给大黑马喂草，大黑马不吃，他冲大黑马发火，打了大黑马的头。突然，大黑马被吓惊了，猛地抬起前蹄，腾空跃起，向前冲了出去。高新被眼前的情景惊呆了，被马车的车身撞倒，车轮从他的腿部轧了过去，结果双腿骨折，在家休学半年。

NO! 😞 **错误做法**

Ⓐ 好奇心太强，不了解马的危险性，麻痹大意。

Ⓑ 安全意识差，不但没有躲着马车走，相反还主动凑上去与马

逗着玩，惹祸上身。

Ⓒ 打马行为鲁莽，使自己处于危险的境地。

Ⓓ 没有心理准备，避险措施不得力。

YES!

😊 正确做法

Ⓐ 管住自己的行为，不招惹事端。无论看见什么新鲜的东西，都要有防范意识，不去凑热闹，不鲁莽行事，马上离开危险地段。

Ⓑ 安全避让，生命第一。外出会遇到很多紧急情况，当遇到救护车、警车、救火车、电力抢救车、拖拉机与马车时，要迅速避让，不能争抢道路，也不能围观。

Ⓒ 思维敏捷，反应灵敏。遇到危险，思考问题要敏捷，不要犹豫不决，反应一定要快，腿脚一定要灵活，迅速躲避危险。

你该怎么办？

备忘录

　　在街上行走，要安全礼让，遵纪守法，不能我行我素，想干什么就干什么。路遇好奇事，千万不能逞英雄；碰到动物不要招惹它们，防止动物伤人。

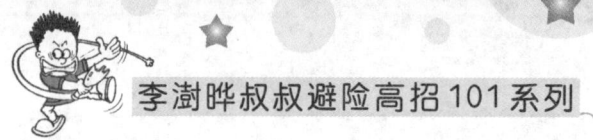

3.乘地铁发生意外怎么办?

真实事件(被列车卷到铁轨下,再也没有醒过来)

宋阳每天坐地铁上下学,今天为了赶时间,他拼命地向人群里钻,终于钻到了人群前面。安全员喊要站在安全线以外等车,他装

作没有听见。地铁列车进站了,在人群的蜂拥下,他无法控制身体的平衡,一下子就被列车强大的气流卷到铁轨下。人们急忙把他抢救出来。但在送医院的途中,他就死亡了。

错误做法

Ⓐ 没有安全概念,只顾抢时间,使自己处于危险之中。

Ⓑ 没有按照秩序等车进站,不遵守乘车规定,在人群中乱钻。

Ⓒ 不听安全员的劝阻,没有站在安全线以外,而是抢站在人群最前面。

 **正确做法**

Ⓐ 听从安全员指挥，站在安全线以外。地铁列车的速度很快，站的距离过近，容易被卷进车下，必须保持安全距离。等车时要注意看脚下的黄线，千万不能越过去。

Ⓑ 按秩序等车进站，排队上下车。乘坐地铁列车，一定要自觉遵守秩序，不要拥挤，更不能在人群中钻来钻去，一定要排队上下车。

Ⓒ 远离拥挤的人群，不凑热闹。学生的年龄小，体力有限，一旦发生拥挤，根本无法控制身体的平衡，非常危险。

Ⓓ 文明乘车。在地铁车厢里要站稳，不能一心二用，不要嬉戏打闹，不要逞能乱动，更不能睡觉。

你该怎么办？

备忘录

　　乘坐地铁时要遵守乘车规定，人多时随人群慢慢向前移动，自觉遵守乘车规定。千万不要拥挤，要按照秩序排队上下车；不要逞能，擅自越越安全线；要文明乘车，严防意外事故发生。

4.走夜路害怕怎么办？

真实事件（惊恐万状，动脉血管被刮破）

　　一天晚上，学生黄权去一位画家的画室学画画。下课后他没有赶上末班车，本想打电话给妈妈，可是手机又没电了，无奈他只好硬着头皮往家走。天特别黑，道路也崎岖不平，他感到非常紧张。由于着急加害怕，他呼吸紧张，连跑带颠起来，目的是想赶快跑到家。突然没看清路脚下踩空，整个身子掉入了几米深的下水井里，怎么也爬不上来。他惊恐万状，只知道哭。由于动脉血管被剐破，没有及时止血，第二天被人救上来时已经生命垂危了。

错误做法

Ⓐ 头脑简单，着急回家，走路时没有考虑道路安全问题。

Ⓑ 慌张恐惧，导致行动失控。

Ⓒ 预先准备工作不充分，没有带全夜间外出行走必须使用的物品（手电、应急灯等）。

Ⓓ 掉入下水井中，没有先考虑生命安全；只知道哭，没有立刻止住动脉出血，等于坐以待毙。

正确做法

(A) 充分准备，万无一失。夜间出门前，要把应急需要的东西全部准备好，特别要注意带手电（手电电池要充足），把手机充足电；按照末班车的时间提前做好准备；把路线选择好，与家长协调好接送时间。

(B) 安全第一，决不盲目乱走。如果赶不上末班车，可以对画家说明情况，在画家的画室里等待家长；也可以借用画家的电话给家长打电话，告诉家长来接；还可以站在末班车的站点处原地不动，家长肯定会来找你的。

(C) 坚定信念，谨慎行走。黑夜行走的确容易使人恐惧，但是只要不断地鼓励自己，暗示自己是最勇敢的人，心静气宁，步态稳重，就能使自己平静下来。一定要看清路面的情况再迈脚，不要冒险赶路。

(D) 生命是第一位的。遇到危险后，无论什么情况，多么恐怖，都要把生命放在第一位。看有无大出血，呼吸道有无堵塞，发现威胁生命的情况，立刻采取正确的自救措施。

你该怎么办？

不能盲目在夜间行走，更不能在道路看不清楚的情况下轻易迈步；要沉着冷静，机智勇敢，应急措施得力。

5.发现有人带着危险品上车怎么办？

真实事件（全身78%的烧伤）

　　某年的春节前夕，学生小海坐火车去爷爷家。途中一个农民从某一小站上车，背着一个大包。小海吃饭时，意外发现农民的包里全是鞭炮。他悄悄地问农民有"二踢脚"吗？农民说有，并要求他保密，还说下车时送他几个"二踢脚"。听说农民要送给他"二踢脚"，小海高兴地不讲话了。不久，农民吸烟时，不小心把鞭炮点燃了，一大包鞭炮突然发生爆炸，农民当场就被炸死了，小海面部被炸成重伤，全身78%烧伤，留下了终身痛苦。

错误做法

　🅐没有公共安全意识，发现有人带危险品上车没有及时报告乘务员。

⑧ 贪图小利，听说农民送"二踢脚"，就为其保密，等于纵容了违法之人。

⑥ 麻痹大意，明知道身边有"定时炸弹"，还看着对方点火抽烟，等于把自己和他人置于危险境地。

正确做法

Ⓐ 迅速报告，决不留情。在列车上或者其他公共场所，只要发现有人带危险品，就要立刻举报，坚决不能留情，更不能心慈手软，眼看着"定时炸弹"爆炸。

Ⓑ 有责任心。举报说明你有公民意识，有法律意识，既是对自己负责，也是对他人负责，更是对社会负责。

Ⓒ 躲避危险，不能犹豫。发现危险物品，要立刻躲避，保护生命安全最关键。因为危险品什么时候爆炸，谁也说不清楚。

Ⓓ 不要包庇坏人坏事。带危险品上车是违法行为，你发现了不举报，反而为其保密，就等于包庇违法行为；一定要机智灵活地与犯罪分子作斗争。

你该怎么办？

备忘录

　　外出时每个人都要有公共安全意识，把维护社会稳定当成自己的义务。遇到违法的事，不能熟视无睹，麻木不仁。其实，纵容了违法之人，就等于害人害己。

6.过无人看管的铁路口时怎么办?

真实事件(一个人双臂被轧断,一个人双腿被轧断)

星期天,学生马青与江海去城乡结合部的山坡上抓蚂蚱。路过一个无人看管的铁路口时,听到石头缝里有清脆的蛐蛐叫。好奇心使两人停了下来,蹲在铁道旁抓蛐蛐。蛐蛐被翻出来,又跳着跑了,两人赶快追,蛐蛐又钻进了几米远处铁轨底下的石头缝隙里。两人继续扒石子。"呜……"一列火车鸣笛急速开来,两人没有警觉。

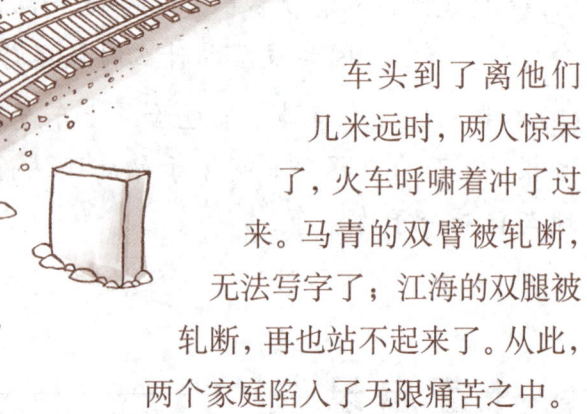

车头到了离他们几米远时,两人惊呆了,火车呼啸着冲了过来。马青的双臂被轧断,无法写字了;江海的双腿被轧断,再也站不起来了。从此,两个家庭陷入了无限痛苦之中。

NO! 错误做法

Ⓐ外出没有安全意识,麻痹大意。

Ⓑ在铁道口停留时间过长,还扒翻石子,精力也不集中,没有

注意远处驶来的火车。

 玩心太重，脑子里没有安全这根"弦"，耳朵也没有注意听。

 反应速度慢，遇到紧急情况不知所措，坐以待毙。

YES!

 **正确做法**

Ⓐ 不在铁道口和铁轨上停留。无论在铁道口看见什么，都不能好奇，更不能在铁道口或铁轨上停留、玩耍。因为火车的速度很快，稍微不注意就可能发生意外。

Ⓑ 随时观察，确保安全。如果确实需要停留在铁道口，必须预先观察前后、左右有没有危险，作出准确判断之后，再决定停留的时间。

Ⓒ 反应灵敏，紧急避险。遇到突然到来的危险，应该冷静面对，以逃生为第一原则。钱财等东西不要成为逃生的累赘，迅速躲开危险境地，再做其他事情。耳朵要注意听，眼睛要注意看，腿随时准备跑。

你该怎么办？

备忘录

　　铁路口很危险，头脑要清楚，不要拿自己的生命当儿戏；任何时候都要提高警惕，不能有丝毫的大意。

7. 人多争着"打车"怎么办？

真实事件（口鼻喷血，内脏多处破损）

　　星期六晚上，学生曹名去球场看球赛。球赛结束后，已经没有公共汽车了，他只好打车回家。可是球场外争着打车的人很多，等了十多辆也没有轮上他，他性子本来就急，情绪急躁起来，跑在人群的前边，站在马路中间去拦截出租车。一辆载着人的出租车开来，他没有看出租车上已经有客人了，以为是空车，着急上前抢着拦截。结果出租车没有停，直冲过来。他吓呆了，汽车直接撞在了他的腹部，他口鼻喷血，被人　　　紧急送到医院，肝、胆、肾全部破损，无法救治了。三　　　天后，他带着诸多的留恋，小小年纪就离开了人世。

错误做法

Ⓐ 不遵守交通规则，没有打车经验，走到马路中央去打车。

Ⓑ 没有远离杂乱的人群，在拥挤的人群中争着打车。

ⓒ 没有看清楚出租车内是否有人，就鲁莽拦截出租车。

ⓓ 遇到危险，反应慢，没有采取紧急避险行动。

😊 正确做法

ⓐ 自觉遵守交通规则。夜间，即使马路上没有警察，也要自觉遵守交通规则。

ⓑ 文明打车。打车时，要讲文明礼貌，不抢、不争、不急，按照秩序打；要站在马路边的安全位置打出租车，千万不能跑到马路中央打车。发现载人的出租车，要避让，不能鲁莽拦截。

ⓒ 学会躲避，机智灵活。遇到人多的时候，要退让三分，避免被人群拥向危险的地段。一旦处于不利于自己安全的位置时，要高度警觉，随时准备撤离。

ⓓ 保守一点。可以采取等待的办法，先休息一会儿，等到人少了，自然会打到出租车。如果家中有车，你也可以给家长打电话，请家长来接一下。

你该怎么办？

备忘录

出门办事，打出租车看似平常，但不是小事，直接关系到人的生命安全，必须引起高度的重视。记住：一等、二让、三再上。文明打车，绝对不能忽视自己的人身安全。

8.遇到"醉鬼"与"睡鬼"车怎么办？

真实事件（汽车直冲过来，万幸躲得快）

  一辆汽车像"醉鬼"和"睡鬼"，"画龙"一样，七扭八歪地在马路上行驶。学生张千千看着好玩，不但没有像其他同学一样躲在大树后，反而靠近看热闹，想看一看车里究竟是怎么回事。没想到的事情出现了，汽车"摇头摆尾"冲他开来。他以为司机在与他开玩笑呢，正在犹豫之时，车已经到了眼前，没有任何刹车迹象，吓得他赶紧蹦到一边，浑身出冷汗，万幸自己躲闪得快，要不然就没命了。

 **NO!**
错误做法

Ⓐ 麻痹大意，对交通安全问题没有引起重视。

Ⓑ 遇到危险汽车，没有及时躲避，反而上前凑热闹，把自己置于危险的境地。

Ⓒ 关键时刻头脑中没有防范危险的意识，行为动作反应迟钝。

正确做法

Ⓐ 迅速躲避。遇到"醉鬼"与"睡鬼"车，脑子里第一反应就是要躲避，迅速藏在粗壮的大树后、房子里等安全地方，不要把身体暴露在汽车能撞到的地方。

Ⓑ 迅速报警。为了自己与他人的安全，要立刻报告警察，请警察来处理。

Ⓒ 不要逞能。立刻从危险路段跑到安全的房子里，如果没有房子，最好站在相对安全的地方，观察"醉鬼"与"睡鬼"车的运动轨迹，判断确实安全了，再走出来。

Ⓓ 不要斗气。遇到"醉鬼"与"睡鬼"车后，司机的情绪容易急躁，一句话、一个动作就可能引起矛盾激化，千万不要与司机较真，更不能招惹他们，也不要与司机斗气。

你该怎么办？

备忘录

外出如果遇到"故障"车驶向自己，危险来临之时，头脑一定要冷静，能正确预见危险，判断危险，迅速躲避危险。

9.遇到特种车通过怎么办?

真实事件（一紧张，摔下了水沟）

上学路上，张强戴着耳机听着MP3飞快地骑自行车在马路中间行走。一辆救护车鸣起紧急笛声从后面开来。张强只顾听音乐了，继续在马路中间骑。救护车越来越近，等张强听到"鸣笛"声后，吓得慌了手脚，没有减速，也没有把住方向，一下子冲进了路边的下水沟，把全身都弄脏了，幸好没有造成其他伤害。救护车司机批评他不遵守交通规则，险些酿成事故。

**错误做法**

Ⓐ 不遵守交通规则，在马路中间骑自行车。

Ⓑ 骑自行车精力不集中，听MP3。

Ⓒ 知道救护车就在身后，惊慌失措，没有减速，没有及时靠边骑。

😊 正确做法

Ⓐ 及早让路。遇到救护车、消防车、工程救护车、警车等特种车通过时，要有公共意识，马上让开道路，让特种车先过。不能与特种车抢道路，更不能故意挡着道路，不让特种车通行。避让时，不要紧张，更不能顾此失彼，要根据当时的路况情况安全避让。

Ⓑ 自觉遵守交通规则。在马路上骑车要集中精力，看清周围情况，不能听耳机，也不能打闹。速度要平稳，不要骑快车，也不能猛拐、猛停，以免造成意外。

Ⓒ 不能贸然出来上路。特种车通过时，有时会有好几辆，一定要等所有的车辆通过后再上路。不要主观地认为就一辆特种车，过去就没有事了。贸然出来上路，也许会被后面的特种车撞伤。

你该怎么办？

备忘录

由于特种车的速度快，一旦争抢道路，很危险。所以当看到特种车到来时，必须要立刻避让，不能犹豫。

10.公共汽车发生意外怎么办?

真实事件（花季少女，也许再也站不起来了）

　　学生雅丽每天坐公共汽车上学，一次她上了公共汽车，由于人多，只好站着，手也没有抓安全把手。她酷爱听音乐，一路上只是专心听MP3。公共汽车的速度很快，售票员提醒大家站稳抓牢。她心不在焉，嫌售票员多事，没有理睬，继续听歌。突然，公共汽车急刹车，巨大的惯性使她摔倒，腰被什么东西撞了一下。想爬起来，可是腰部疼痛难以忍受。人们将她紧急送到医院，医生说腰椎错位，需要手术复位，搞不好以后再也站不起来了。她大声哭喊，说："我还小啊，我要上学。"老师、同学都为她惋惜，家长也为此忧心难过，愁眉不展。

错误做法

Ⓐ 在公共汽车上没有抓牢安全把手，麻痹大意，没有把安全当回事。

Ⓑ 只是专心听MP3，不注意观察周围的情况。

Ⓒ 不听售票员建议，把售票员的忠告当成耳旁风，增大了发生危险的机率。

▶ 遇紧急刹车没有紧急抓牢东西。可以抓牢座位的靠背，可以拉坐位上其他人的衣服，可以抓住身边人，稍微借一点力，也就没有什么事情了。

 **YES!**

😊 **正确做法**

Ⓐ 站稳、抓牢。上了公共汽车后，要迅速站稳，抓牢安全把手，不能有丝毫的懈怠。

Ⓑ 精力集中。公共汽车的速度比较快，不要带着耳机，只顾听MP3；也不能睡觉、打闹、看书、看报，一旦有紧急情况，肯定反应不过来。要看管好自己的财物，不要粗心大意，让扒手钻空子。

Ⓒ 注意观察。坐公共汽车时，要认真向前、向左右观察，发现危险情况，及早采取安全保护措施。

Ⓓ 注意安全礼让。公共汽车进站时，要保持一定的距离，不要争抢，更不能与人拥挤；行驶途中，不要伸头朝外看，也不能把胳臂伸出去；下车时不要急，等车停稳了再下车。

你该怎么办？

🔖 **备忘录**

　　乘坐公共汽车时要重视安全，站立时要抓紧、抓牢扶手；精力要集中，不能一心二用，精神分散；随时准备刹车应急，对可能出现的安全隐患有充分的心理准备。

11.同学邀我在马路边上跑步或 打球怎么办？

真实事件（险些把大树撞倒）

　　星期天，学生大林在楼下喊小军到外面跑步。大林说去学校操场跑，小军说学校操场太远了，坚持在马路边跑。他跑了一会儿，到了一个拐弯处。突然，一个大货车像喝醉酒一样，来回摆头，在马路上横冲直撞。小军被眼前的情景吓呆了，眼看着大货车就要撞上自己了。这时，从后面跑来一名武警战士，抓住他的胳膊，拉着他迅速躲避到一米远的一棵大树后面。也就是两秒钟的时间，"咣当"一声，大货车从刚才小军站立的地方冲过去，撞在了树上。货车的前保险杠都变形了，吓得小军全身哆嗦，连声向武警战士表示感谢。原来，这位大货车司机连续开了16个小时车，太疲劳了，已经无法控制汽车了。

错误做法

Ⓐ 没有交通安全常识，对危险估计不足，在马路边跑步。

Ⓑ 面对突然出现的"汽车杀手"，没有任何躲避的行动，坐以待毙。

YES! 正确做法

Ⓐ 提高安全意识。"车祸猛于虎"，这句话千真万确。现在的交通事故发生率居高不下，给人们的生命财产带来严重损失。平时，不要在马路上久停、追逐打闹，也不能在马路边跑步、打球、玩滑轮车等。同学提出在马路边玩，要委婉地拒绝。同时，积极劝说同学也不要在马路边玩。如果同学不听劝说，可以请老师出面制止同学在马路边玩的危险活动。

Ⓑ 反应速度要快。遇到即将发生的交通事故时，反应迅速快是最重要的，快就能避免危险发生，挽救生命。有时哪怕是比车轮子快0.1秒，生命就能继续延续。要保证反应速度快，就要耳听八方，眼观六路，对异常的车辆、人员要有预先的判断。一要注意听声音。汽车的刹车声；拖拉机的发动机声音更特殊，远远就能感觉到它的存在；马车有马蹄声、鞭子声、吆喝声，也很好判断；摩托车的声音更特别，排气管的断续声，喇叭声很好识别。二要注意看道路。看是不是急转弯；看是不是交叉路口；看是不是雪与冰的路面；看道路有无拐弯死角和视线遮蔽区域。做到心中有数，及早预防。

你该怎么办？

    现在，马路边的安全系数也不高了，一些司机酒后驾驶、疲劳驾驶，有时会驾车冲上马路边，甚至冲上人行便道，所以千万不能在马路边跑步或进行其他娱乐活动。

12.骑自行车发生意外情况怎么办？

真实事件（和同学赛车，撞向了平板车）

马欣和许多同学一样，每天骑自行车上学。一次，她与同学一起骑自行车买学习资料，下坡时一捏车闸，突然感觉车闸失灵了。她认为自己技术好，没有减速，继续骑车往前走。途中，同学提出骑车比赛，她答应了。她拼命蹬自行车，与同学比赛谁的速度快。在拐弯处，她突然发现前边停着一辆拉钢筋的平板车，她与同学赶快捏闸，同学的车停住了，可是她的自行车闸早已失灵了，没有停下来。她顿时惊慌失措起来，一下子撞向了平板车。伸出来的钢筋穿破了她的腹部，如果不是过路人和同学把她送到医院及时抢救，她就可能永远也回不了家了。

错误做法

Ⓐ 不注意交通安全，在马路上骑自行车比赛。

Ⓑ 没有安全观念，发现自行车闸失灵，没有马上修理，还继续骑，错上加错。

Ⓒ 不遵守交通规则。拐弯要减速，这是最基本的常识。她太麻痹大意了。

Ⓓ 发现障碍物后反应迟钝，没有采取正确的避险动作。

YES!

☺ **正确做法**

Ⓐ 把安全放在首位。骑自行车速度要慢，不要逆行，要靠右侧骑车。发现自行车闸失灵后，应马上下车推行，宁肯慢，也要保证安全。不要手抓拖拉机，不要与机动车抢道路，主动避让汽车、摩托车。左转、右转都要打手势，不要猛拐，拐弯前应减速，要看清左右及后面，防止被后面来的车撞倒。不要带着耳机、听着MP3骑，更不能边骑边想其他事；不要带故障骑车，要经常检查自行车的部件，保持技术性能良好；遇到刮风、下雨、沙尘、下雪，更要小心，实在没有安全把握，宁肯推着走。

Ⓑ 精力集中。骑自行车要集中精力，不能一心二用。和同学骑车时，不要并行，不比赛骑快车，不聊天；同学之间不要骑车带人，骑车时双手不应离车把，炫耀车技，更不能只是低头骑，不看前面道路情况；要认真观察前面的情况，发现危险情况及早处置。

Ⓒ 有故障马上维修。街头有很多维修自行车的摊位，推过去修好了，就不会因车的毛病发生危险了。

Ⓓ 机智逃生。当发现即将撞上硬物、闸又不灵时，要飞身跳车，把自行车甩开，朝旁边跑。跳车时，注意护头、胸与脸，保持平衡，轻轻落地，一般不会出大事，也可以急拐自行车的车把，使自行车失去平衡，倒地逃生。

你该怎么办？

备忘录

骑自行车也有一定的危险性，要时刻注意行车安全，自觉遵守交通规则。雾天、雨天骑车时，应穿颜色鲜艳的衣服或雨衣。大雾天、下雪时最好不要骑车。不能麻痹大意，不能一心二用，不能超速，不能带故障骑，更不能追逐比赛。遇到前方紧急时，头脑冷静，处事果断，宁肯跳车甩掉自行车，也要保证人身安全。

13. 公共汽车上遇到性骚扰时怎么办?

真实事件（不敢大胆面对，懦弱自卑）

　　小曼每天坐公共汽车上学。早上，交通高峰期，车上人很拥挤，人挨人，连转身的空间也没有。夏天的一天早上，她照例上了公共汽车，忽然，觉得有一个人挤来挤去，有一只手在她的背部、腿部上下移动。她感到呼吸急促，心跳到嗓子眼儿了。车一到站，她赶快下车，恶心了好一阵子。第二天还是这个时间，上了公共汽车后，忽然又感觉一只手在她的大腿内侧乱摸。汽车到站后，她赶快下车。第三天上了公共汽车后，又感觉有人在她的背后来回"折腾"，裙子上好像粘上了胶水一样。吓得她　　　脸涨得通红，心慌意乱，但又不敢喊。汽车到站后，她赶快下车，发现裙子后面全是黏糊糊的东西。从此，小曼的性格变了，产生自卑心理，整日没有笑容，精神恍惚，学习成绩严重下降。

错误做法

Ⓐ 遇到性骚扰忍气吞声，胆小害怕，没有进行反抗。

Ⓑ 接二连三地遭到性骚扰，没有及时告诉老师、家长，寻求大人帮助。

Ⓒ 遇到性骚扰，明明不是自己的错，却产生丢人、自责、自卑想

法，认为这种事难于启齿，说出来不光彩，没有向亲人倾诉，心理压力大，阴影一直无法摆脱。

正确做法

Ⓐ 坚决、勇敢地戳穿骚扰者，立刻制止骚扰者的违法行为。发现有人对你进行性骚扰时，不要犹豫，要高声呼喊，要让骚扰者赶快收敛不法行为，知道你不是好欺负的，以后再也不敢骚扰你了。

Ⓑ 及时告诉老师或家长。无论在什么地方遭到性骚扰，都不能顾及面子，应该把情况告诉老师或家长，他们会采取正确的办法帮你摆脱困境的。

Ⓒ 借助集体和众人的力量对付性骚扰者。性骚扰者变本加厉地骚扰你，你要在安全有保证的前提下，大声呼喊或向售票员、司机求救，争取得到大家的帮助，把性骚扰者扭送到派出所。

Ⓓ 注意自己的着装，机智选择车上位置。女学生外出时，要朴素大方，不要穿得过于暴露，更不能化浓妆，给人性感强烈的信号，导致被骚扰的可能性增大。上了公共汽车以后，要集中精力，注意观察周围情况，发现可疑之人，要远离。如果人多拥挤，最好站在人少的地点或者靠近售票员。

你该怎么办？

备忘录

　　对性骚扰的问题，应该勇敢地面对，不能把苦恼埋在心里，郁积越深，越容易出现问题。要学会倾诉，学会减压，学会爱护自己，始终保持乐观的生活姿态，做生活的强者。

14. 上公共汽车时拥挤怎么办？

真实事件（身体被挤到汽车轮子下）

　　一天早上，于正上学来到公共汽车站等车。站上等车的人很多，公共汽车左等也不来，右等也不来。他看着表，觉得时间有些紧张了。这时公共汽车出现了，他担心上学迟到，被老师批评，就拼命地与人争抢着挤向正在进站的公共汽车。突然人群中一阵骚乱，于正体力单薄，一下子被后面的人推到了汽车轮子下面。千钧一发之际，有人向司机大喊"停车"，司机赶忙紧急刹车，才没有把于正轧死。被人从轮下拉出来时，他吓得全身哆嗦，话都说不出来了。

 **错误做法**

Ⓐ 在汽车没进站之前，与人群在一起拥挤，使自己处于险境。

Ⓑ 为了抢时间，没有按照秩序上下车。

Ⓒ 缺乏安全观念，没有考虑在车前拥挤的严重后果。

正确做法

Ⓐ 时刻保持高度的警惕性，做到有备无患。出门无论乘公共汽车，乘地铁，还是乘火车，都要遵守秩序，注意安全。因为公共汽车上是个复杂的小社会，什么人都有，什么情况都可能发生。

Ⓑ 平时等公共汽车、地铁列车时，应该按照秩序排队，不要与人争挤。拥挤会造成司机师傅紧张，不好判断车与人的安全距离，造成意外事故。特别是上下班高峰时，学生与大人拥挤在一起，因学生的体力弱，在人群中容易被挤进车轮下，发生不幸。

Ⓒ 看清楚了再上车。现在汽车的种类很多，有一些小公共汽车，虽然很方便，但也要警惕无照经营的"黑车"。这种车是没有安全保证的。

Ⓓ 谨防小偷行窃。挤公共汽车时，人的精力容易分散，小偷容易下手。所以，在等公共汽车时，要提高警惕，上下车要注意自己的财物。在车上发现小偷偷了自己的财物，应该避免与小偷发生正面冲突，可以机智灵活地向售票员报告，请售票员不要开门，直接把车开到就近的派出所，或者打110报警。

乘公共汽车，既要注意文明礼貌，又要注意交通安全，同时，还要谨防扒手。

15.独自乘火车怎么办?

真实事件（醒来以后，看见了乘警）

　　春节前夕，五年级学生黄磊坐火车去姥姥家。妈妈把他送上火车，告诉他下车有舅舅来接。他坐在火车上，身边有一个中年人显得很热情，与黄磊聊得很投机。黄磊有问必答，把许多家庭隐私都告诉了他。中年人还送给他食物和饮料，黄磊也没有拒绝。过了一会儿，他迷迷糊糊地睡着了。醒来以后，发现乘警就坐在他面前。乘警说那个中年

人在给他喝的饮料里下了药，准备把他拐卖走。在中年人带他下车前，被人发现异常，报告了乘警。现在人贩子已被抓获了。黄磊听了十分后怕，连声感谢乘警叔叔救了他。

NO!

😞 **错误做法**

Ⓐ 与陌生人交谈放松警惕，说出家事。

Ⓑ 麻痹大意，随意吃陌生人给的食物。

YES! 正确做法

Ⓐ 提高警惕。火车上人员成分很复杂，乘客容易打盹、睡觉，逐渐放松警惕，被盗的事件时有发生。一些人贩子也常常在火车上猎取目标，伺机下手。所以乘火车时要集中精力，看管好自己的行李，不能麻痹大意。

Ⓑ 管住自己的口。俗话说祸从口出，火车上你无意中说的一句话，可能就泄露了底细，让别有用心之人加以利用，造成对你不利的情况。所以，说话要谨慎，不能什么都说。没有特殊情况，绝对不能吃陌生人送的食物。

Ⓒ 在火车上遇到陌生人带的危险品（鞭炮或汽油）时，不能视而不见。要以最快的速度巧妙地通知乘警，消除隐患。当遇到精神病人时，要及时通知乘警与乘务员，避免出现危险。万一火车着火，要保持冷静，在第一时间通知乘务员和乘警，并按照预定的疏散秩序，听从指挥，立刻转移。当遇到火车脱轨并翻车时，一定要镇静，看身体有无重大伤害，而后立刻离开危险的车厢。如果火车掉入水中，应该机智、勇敢，迅速从窗户逃生。如果中途下错车，要积极与车站的服务员联系，寻求帮助。

你该怎么办？

备忘录

一个人乘火车，可以看书报排遣寂寞，听听音乐，调节一下情绪。适时开开窗户，保持空气新鲜。多喝白开水，防止上火，吃好消化的食物，避免"乘车综合症"的发生。

31

火　患

16.商场着火怎么办？

真实事件（嗓子痉挛，眼泪直流，窒息而死）

　　学生荣荣特别喜欢逛商场。一天她进商场挑选衣服，突然整个商场里着起了大火。人们开始骚乱起来，蜂拥着朝商场大门跑去。可是商场的大门已经是人挤人了，人们堵在一起，谁也出不去。楼道里到处是呛人的浓烟，一股一股刺鼻的毒气把人呛得难受。荣荣在楼道上随着人群艰难地前进，盲目地大声高喊救命。她觉得嗓子痉挛，眼泪直流。最后实在支撑不住，倒在地上昏迷了。等救援的人赶来时，她已经被人压在下面，窒息而亡了。

你该怎么办？

NO! 错误做法

Ⓐ 在没有采取任何自护措施的情况下，冒着强烈的浓烟站着在楼道上行走，没有弯腰匍匐前进。

Ⓑ 没有保护呼吸道，盲目地高声呼喊，耗费了体力与氧气，毒气直接进入喉咙里，引起窒息。

Ⓒ 不会正确选择逃生道路。

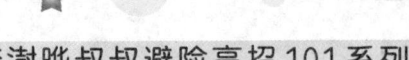

正确做法

Ⓐ 保持镇静，理智行动。遇到商场（歌舞厅）突然着火后，一定要保持镇静，不要慌张。情绪越冷静，逃生机会越大。

Ⓑ 科学保护，快速敏捷。发现着火后，应该立刻用冷水把身上的衣服、头发淋湿，同时找一个湿毛巾（手绢）捂住口鼻，保护好呼吸道，而后以葡匐前进姿势，迅速按照疏散通道指明的方向前进，避免有毒气体进入呼吸道。如果大火蔓延迅速，火势凶猛，浓烟封住了楼道，要立刻进入房间，堵住房间门，用被子、毯子把门窗封严实，不断地朝被子、毯子上浇水，同时打开没有火源方向的窗户，向外发出求救信号，等待救援人员的到来。

Ⓒ 保持秩序，不要拥挤。遇到危险，切忌乱成一团，只要按照顺序，紧张从容地撤出，一般不会有生命危险。一定要冷静、理智，严防被周围惊慌的人群踩踏、拥挤。

Ⓓ 慎重选择必须跳楼的方式，不可鲁莽行动。有的人不冷静，盲目跳楼，导致无谓的死亡。必须跳楼时，应该找一根结实的长绳子，用床单、被套拧成绳也行（要能承受自己身体重量），绑在室内暖气管道上，然后抓紧绳子慢慢坠下，直到安全落地。也可以借助疏通雨水的下水管，安全地向下爬。如果必须跳楼，跳楼前，应预先把被子、床垫、棉衣、毯子、沙发垫等扔到楼下自己可能触地的地点，以减轻撞击力，尽可能减轻伤害。

备忘录

　　面对大火和有毒气体，不能惊慌失措，必须分秒必争，找寻紧急出口方向，遇到逃生受阻时，千万不能失去理智，盲目行动，使自己进一步陷入危险。要机智求救，以求尽早脱离危险。

17.发现室内煤气泄露怎么办？

真实事件（火光一闪，他什么也不知道了）

　　学生袁力性格豪爽，办事爱着急。一天，他放学回家，肚子饿得"咕噜"、"咕噜"直叫。他刚一打开防盗门，就闻到了一股刺鼻的煤气味。可他脑子里只想着吃了，忘记了安全问题。他顺手按下了电灯开关，瞬间"砰"的一声爆炸，一团火光冲出来，接着身体被一股强大的气流冲出了家门，他什么也不知道了。苏醒后，才知道自己的身体被烧伤了，需要植皮治疗，三个月才能恢复。

你该怎么办？

 **错误做法**

Ⓐ 缺乏安全常识，闻到异味后，没有引起警觉。

Ⓑ 着急开电灯，电灯开关会引发微小的火花，引起爆炸。

Ⓒ 没有采取正确的处理措施。

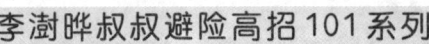

YES!

😊 **正确做法**

Ⓐ 理智对待，不要紧张。闻到刺鼻的煤气味，应立刻退出房门，迅速到外面喊邻居帮忙处理。也可以到邻居家给家长打电话，通知家中煤气泄露的事，让家长来处理。还可以直接通知煤气公司的维修人员来修理。

Ⓑ 果断处置，先后有序。如果感到情况不严重，可以开窗户通风，让新鲜空气进来。这样做可以使室内的煤气浓度大大降低。小心地查看泄露位置，如果是开关没有关好，迅速把开关拧紧，防止煤气继续泄露。在室内头脑保持冷静，感到头昏脑胀时，要迅速离开房间。

Ⓒ 原则问题要牢记，千万不能使用明火。在室内还有煤气味时，应绝对禁止一切能引起火花的行为，如打开或关闭电灯、抽油烟机、使用电话等家用电器。因为火花会引起煤气的燃烧。为安全起见，最好把电话线拔下来，以防止突然来电话，火花引发爆炸。

Ⓓ 使用煤气切勿离开。煤气燃烧时不要离开太远，烧水壶或汤锅不要放水太满，避免汤水烧开后溢出浇灭火焰，造成煤气泄露。煤气用完后一定关好煤气开关。

备忘录

　　如果父母不在身边，发现家中有煤气泄露，千万要冷静，不要没有头绪，鲁莽行动，任何时候都要保证不使用能引起火花的家用电器，防止煤气发生爆炸。牢记生命第一，千万不要逞能。当自己无能为力时，要赶快求助警察、邻居或者迅速报告家长。

18. 发生车祸被困车内怎么办？

真实事件（本来能逃生，却被烧死在车内）

某地学生董威与妈妈、爸爸一起到郊外旅游。爸爸连续开车接近7个小时了，感到很疲倦。前面的公路上有很多急转弯，爸爸由于疲劳驾驶，发生了交通事故，汽车没有拐过弯，直接冲下了公路旁的深沟里。爸爸、妈妈当场死亡，董威被困在车里，虽然他没有受一点伤，但当他看到爸爸的内脏露出，血肉模糊的样子时，他吓得惊恐万状，情绪难以控制，昏厥过去。几分钟后，汽车开始燃烧，结果他被活活地烧死在里面。救援人员赶到后，发现了他烧焦的尸体，惋惜地说："当时，如果他头脑清醒，保持镇定，他完全可以自己爬出汽车，挽留住自己的生命。"

你该怎么办？

NO! 错误做法

Ⓐ 没有把逃生放在第一位，继续滞留在危险的汽车里。

Ⓑ 被突发事件吓坏了，没有想办法逃离汽车。

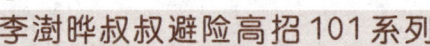

YES! 正确做法

Ⓐ 珍惜生命。一旦发现自己被困在汽车内，要以最大的勇气与精神逃出汽车。

Ⓑ 避免"二次"死亡。宝贵的生命只有一次，千万不能坐以待毙，更不能自毁生命。要争分夺秒，机智灵活，设法尽快离开汽车，不能等着汽车燃烧爆炸，发生"二次死亡"的事件。

Ⓒ 方法正确。立刻用力把被困汽车的玻璃打碎，无论多么困难，哪怕是剧痛，也要坚持爬出去，出去就是胜利。爬得越远越安全，防止汽车燃烧爆炸。

Ⓓ 坚信自己能活着爬出去。困在损害严重的汽车里很难受，车身几乎变形，转身、伸腿、伸脚、弯腰会很吃力，一定不能放弃，要不断地鼓励自己，给自己以强大的精神支柱。想尽一切办法寻求脱险。

备忘录

　　遇到严重的事故，害怕是没有任何作用的，哭更是无能的表现；呆若木鸡，惊慌失措，只能增加自己的危险程度，丧失一次又一次生存的机会。因车祸被困车内时，要保持镇静，如果伤情不很严重，要想尽办法砸开车窗玻璃，从车门处爬出来，远离危险。

19.家里突然停电、气、水怎么办？

真实事件（眼睛睁得大大的，手里还握着一段保险丝）

妈妈开门回家，发现13岁的儿子郝南仰倒在保险丝盒的下面，眼睛睁得大大的，口鼻流血，汗湿湿的小手里还握着一段保险丝，早已经没有了呼吸和心跳。她顿时惊慌失措，喊来邻居。"120"急救车迅速赶来，可是郝南还是离开了人世。现场分析认为：下午郝南在家写作业，突然停电了，写字台上的台灯不亮了。他判断是保险丝断了，为了不耽误写作业，就自己换保险丝。由于手上有汗，又不太懂得用电常识，手摸错了保险丝接触点，意外触电身亡。后来，人们又惊奇地发现，其实郝南家的保险丝根本就没有断。是外面总线盒突然掉闸，造成的短时间（6分钟）停电。

错误做法

Ⓐ 没有进行调查，查明停电的原因。

Ⓑ 自己贸然去换保险丝。

Ⓒ 盲目操作，违反用电常识。

Ⓓ 没有等待家长回家处理。

你该怎么办？

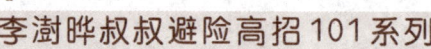

YES!

:) **正确做法**

Ⓐ 调查原因。一个人在家遇到停电时，可以问问邻居，是否统一停电、停水、停气。如果是全部停电、水、气，就耐心等待，千万不要乱动用电设备、燃气设备。可以到阳台看看天空，听听收音机，背诵英语单词等等。

Ⓑ 通知家长。如果确认只是自己家停电、停水、停气，不能擅自检查，要及时打电话告诉家长，等家长回来解决。

Ⓒ 注意安全。在家长没有回来之前，可以把用电器的插销拔下来，关严燃气灶开关，以防止突然恢复供气时跑气；拧紧水龙头开关，以防恢复供水后，自来水溢出来，千万不要疏忽大意，酿成大祸。

Ⓓ 机智应对。如果确实着急使用电器，可以请熟悉用电的邻居来帮忙解决，自己不能贸然修理。

备忘录

　　其实，在家里也不是没有危险，各种隐藏的"杀手"就潜伏在你身边，千万要警惕啊！突然停电可不是小事，要认真对待。

20. 电器突然着火怎么办?

真实事件 (着火用水浇，失去了知觉)

　　学生关军在家看电视，忽然闻到一股橡胶烧糊的气味，由于是他最喜欢看的武打片，太吸引人了，所以也没有太在意焦糊味是哪里来的。大约过了5分钟，突然电视机后面着火了，火花闪烁，咝咝作响，荧光屏幕一片漆黑，黑烟冒了出来。关军顿时惊慌起来，到厨房端来了一盆水浇在电视机上。顿时，他觉得全身麻木，呼吸急促，很快就失去了知觉。邻居们赶来救火，关军因触电和吸入大量有毒气体不省人事，严重昏迷。送到医院抢救了好几天才苏醒过来。

你该怎么办？

错误做法

Ⓐ 麻痹大意，闻到焦糊味后，没有及时采取措施。

Ⓑ 方法错误，水是导电体，怎么能用水去扑灭电器设备着火呢？

Ⓒ 擅自处理，没有请邻居帮忙，更没有及时报火警。

正确做法

Ⓐ 高度警觉，立刻采取保护措施。当闻到电器发出焦糊味以后，马上就要关掉电源，避免事态进一步恶化。

Ⓑ 立刻通知家长。把情况向家长如实说明，等家长来全面检查。

Ⓒ 措施正确，科学处理。一旦电器着火，要保持镇静，不能慌乱，也不能束手无策，呆若木鸡，要马上切断总电源开关。然后，以最快的速度找一条毯子或者棉被，把着火的电器盖严实，隔绝氧气的接触，火很快就会熄灭。

Ⓓ 机智果断，确保生命万无一失。如果电器的火势很大，感到自己无法处置，就不要考虑财产问题了。要马上跑去喊人，先得到邻居的帮忙；也可以到邻居家打"119"火警电话，同时打电话告诉家长。

备忘录

　　面对用电器着火，一定不能惊慌，头脑要清醒，动作要敏捷，绝对不能使用水去灭火；先关掉总电源，然后机智处置，切实保证生命安全。及时通知家长、邻居或向"119"报警。

21.发现厨房着火怎么办？

真实事件（急救室里，她躺了三天三夜）

　　学校开展综合素质教育，要求学生们学会做饭。星期天，家长不在家，学生小梅决定自己做饭吃。第一次进厨房家长又不在身边，她感到既兴奋又紧张，学着妈妈的样子点燃了煤气灶，烧上油锅。由于没有经验，火太大了，突然油锅里蹿起一尺高的火苗子。小梅惊恐地尖叫起来，慌忙用碗接了自来水，泼向着火的油锅。顿时油锅劈啪作响，油火四处飞溅。飞溅到小梅的眼睛里、衣服上，衣服也跟着燃烧起来了。她眼睛疼痛难以忍受，在厨房里嚎啕大哭，很快就失去了知觉。三天后，她在医院的急救室里苏醒了，可是眼睛几乎失明，身上严重烧伤，给日后的生活带来严重的影响。

你该怎么办？

43

😞 错误做法

Ⓐ 没有基本的生活常识，盲目独自去厨房学做饭。

Ⓑ 油锅着火后，惊慌失措，处理方法不正确。

Ⓒ 没有紧急避险的基本常识，不应该用冷水往油锅里倒。

😊 正确做法

Ⓐ 立刻关掉煤气开关。当发现油锅起火时，应保持镇静，迅速关上燃气开关，以防止发生更为严重的后果。

Ⓑ 隔绝空气。立刻找锅盖盖住着火的油锅，而后把湿毛巾盖在锅盖上，火很快就会熄灭。

Ⓒ 迅速降温。如果身边没有锅盖，可以把切好的生蔬菜，或者其他生冷食物顺着锅沿里边倒进去，油温很快降下来，火自然就熄灭了。

Ⓓ 保证生命安全放在首位。如果油锅的火很大，根本无法控制，不能犹豫，保证生命安全最重要。要立刻跑出去喊人，同时拨打"119"电话，及时通知家长。

备忘录

　　大火是无情的，要处处小心。平时只要多学一些自我保护知识，掌握一些应急的科学办法，关键时刻才能临危不惧，处置得当。

22.发现卧室着火怎么办？

真实事件（因为大脑长时间缺氧，无法正常学习了）

学校明天要组织同学外出郊游，学生高凡晚上睡觉前给手机电池充电，还把喜欢的足球放在床边。充电器周围全是容易燃烧的纸、书、衣服和蚊帐。睡到半夜，他感到呼吸紧张，气管发堵，全身发热，睁开眼睛一看卧室着起了大火，火光夹杂着呛人的浓烟，吓得他呆愣在床上不能动弹。几分钟后，他缓过神来，想往外跑，可是感到头发晕，乱撞一通，被蚊帐缠住了，迈腿吃力，怎么也出不来了。好不容易挣脱了蚊帐，刚一下床，又被床前的足球绊倒在地。妈妈冲进来救他时，高凡已经人事不知。经过紧急抢救，他虽然苏醒了，但是因为大脑长时间缺氧，智力受到了严重影响，无法正常的学习了。经过勘察，大火是由于充电器短路，引燃了报纸、衣服。

NO!

😦 **错误做法**

Ⓐ 使用充电器太大意，周围有易燃物。

Ⓑ 出事后，没有在第一时间高声呼喊家长。

45

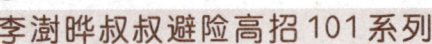

YES! 正确做法

Ⓐ 思想要重视，加强预防最关键。卧室里容易燃烧的东西多，必须格外注意防火。东西要放置有序，不能杂乱无章，杜绝一切烟火，严格使用电器。

Ⓑ 加强监管，养成良好的生活习惯。在卧室里使用充电设备时，最好不要在夜间使用，因为夜间的电流大，人熟睡后不能及时发现异常，会引发严重后果。白天使用也要严格看管，不能麻痹大意。

Ⓒ 分秒必争，呼救、逃离同时进行。卧室着火后，室内氧气会迅速减少，导致窒息，发生晕厥。所以，必须争取时间。应立刻向其他房间的人高声呼救，同时自己要迅速躲避火源。

Ⓓ 自我保护。要注意呼吸道的畅通，避免被火烧伤，不要贪恋财物，把最宝贵的时间浪费掉。休息前，应认真检查房间物品的摆放，切实保证疏散道路的畅通无阻。

备忘录

卧室的安全预防最重要，不能疏忽大意。不能随意在卧室里使用火，乱拉电线，乱使用电器；点蚊香时要注意放置地点，不能麻痹大意。

23.微波炉发生意外怎么办？

真实事件（奇异的爆炸声，留下了终身的痛苦）

今天妈妈回来晚，学生辛欣自己从冰箱里拿出一大堆爱吃的食品来到厨房，模仿妈妈的样子打开微波炉门，一股脑地把食品塞进去了。她以前没有用过微波炉，就随意把火力选择了高火，旋转开关至20分钟，然后就出去看电视了。时间到了，她跑进厨房，着急地打开微波炉。炉内一袋封闭的饮料胀得鼓鼓的。她正往里看，突然饮料袋子爆炸了，高温液体喷溅出来，辛欣措手不及，液体溅到她的眼睛里、脸上，烫得她疼痛难忍。她拼命揉眼睛，哭了十多分钟，才想起给妈妈打电话，等妈妈赶回来，把她送到医院，时间已经耽误了两个小时。经紧急治疗后，辛欣双眼的视力严重下降，必须更换角膜。医生惋惜地说，如果在第一时间就赶到医院治疗，后果就不至于这么严重了。

你该怎么办？

 错误做法

Ⓐ 没有认真阅读说明书，擅自使用微波炉。

Ⓑ 东西放得太多，加热时间过长，火力过大。

Ⓒ 没有严格检查所放食品的性质，一些食品是不能在微波炉里加热的。

Ⓓ 开炉门的姿势不对，面部朝向微波炉。

Ⓔ 眼睛被热饮料烫了以后，处理方法不正确，延误了救治时间。

 **YES!**

😊 正确做法

Ⓐ 认真阅读说明书。使用微波炉前，一定不要怕麻烦，要全面详细地了解使用须知，严格按操作规程使用。

Ⓑ 按照说明书的要求，根据食物的种类，选择加工时间和火力大小。千万不要把封闭的容器，如奶瓶、饮料瓶等以及鸡蛋、带壳的坚果等食物放入微波炉，避免因气体膨胀，发生爆炸。

Ⓒ 把住三关。一是入门关。往炉门里放食物时，一定严格按操作规程办；二是开门关。开门有时很危险，面部绝对不能朝着微波炉的门，以免被突然冒出的高温水蒸气烫伤。三是取物关。取食品时，最好带上手套，以免烫手，发生意外。

Ⓓ 积极救护。发生问题后，不要紧张，要立刻按照医学救护知识实施自救。

备忘录

如果对微波炉的使用方法没有彻底了解透，请不要擅自使用微波炉。

24.森林着火怎么办？

真实事件（顺着风跑，严重烧伤）

前年，几位学生相约到郊外爬山，其中一位学生抽烟，把烟头扔到了一堆干枯的树叶子上。烟头慢慢地引燃了树叶，把周围的灌木也引着了。由于有风，火势很快。

几位学生顺着风跑，结果火的速度超过了学生奔跑的速度，学生们全部被烧伤了。

你该怎么办？

NO!

😞 **错误做法**

Ⓐ 在野外荒山，随意使用烟火，引发火灾。

Ⓑ 没有森林防火意识，忽视保护环境的重要。

Ⓒ 遇火灾没有自我保护的知识和经验。

YES!

🙂 **正确做法**

野外，各种植被非常多，特别是春季、秋季与冬季，气候干燥，很多容易发生燃烧的植被，在自然条件下，如果雷电、太阳

光的聚焦、静电摩擦、磷矿石的火花，都可能引发火情。如果人们不注意，随意丢弃烟头等火源，更容易造成山林火灾。

当发现林火时，首先要设法报警，争取灭火队尽快赶来。同时要及时避险逃生，逃生时一要注意冷静观察，判断火的运动方向。如果火朝自己而来，而且速度很快，应该立刻根据风的方向，朝着风向垂直的方向逃跑。如刮东风，就要在道路许可的前提下，朝南或者朝北的方向跑。二要判断风向与风的等级。这一点是最重要的，知道了风向与风力后，就知道了火的方向，因为火是随着风走的。根据火的蔓延方向与速度，确定自己逃生的方向与时机，千万不能顺风跑。三要选择安全的地方隐蔽。如果有水域，就往水域方向去，这是最理想的地点。如果没有水域，又有被火吞灭的危险，应该立刻选择崖壁下面，或者没有易燃物品的地点。四要争分夺秒，不能有半点马虎与拖延。因为火的速度极快，看着很远，一会儿的工夫就会到来。另外火在燃烧时，会吸收大量氧气，所以特别容易造成人员缺氧死亡。如果来不及逃生，应采取火源隔离法，以最快的速度清除周围10米以内的容易燃烧的物质，使火到来后没有燃烧物质，自动绕开。同时自己用湿毛巾或者手绢（实在没有水时，用自己的尿液也可以）捂住嘴与鼻子，保护呼吸道畅通，不被烧伤。

备忘录

野外林火确实可怕，一定要加强预防。
灭火后要注意熄灭火种，以防止死灰复燃。

紧 急 情 况

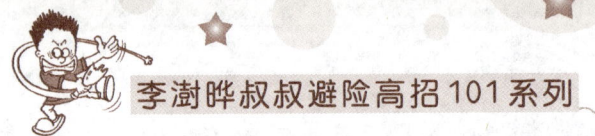
25.遇到街头闹事的人群怎么办？

真实事件（天上掉的石头，把脑袋砸开了花）

　　前面有一群人在某单位办公楼前，不知因什么问题闹事，姚可随几个同学恰好经过这里。闹事人群把同学们前进的去路堵住了，几个同学着急回家写作业，绕路离开了闹事人群，只有姚可不想绕路，独自留下来站在高处看热闹。忽然，闹事人群开始愤怒了，乱喊起来，还乱扔东西。一块锋利的石头从天而降，正好砸在姚可的脑袋上鲜血直流，倒地不知人事了。等人们发现她送到医院，发现她被砸成严重的脑震荡。

 **错误做法**

Ⓐ 看热闹，不知道回避危险。

Ⓑ 离开同学，单独行动。

Ⓒ 没有隐蔽，更没有必要的防护手段。

正确做法

Ⓐ 立刻离开，不旁观闹事人群。闹事人群情况复杂，什么人都有，极端的事情也容易出现。所以，一定要迅速离开，不能有半刻的停留。

Ⓑ 不要与同学分散，集体绕道撤离。同学在一起有个照应，可以互相保护一下，千万不要与同学分散，应该与同学一道向安全地点转移。

Ⓒ 千万不要参与闹事活动。闹事人群无论以什么理由出现，无论怎么要求学生参加，学生都不要参与，以防止被别有用心之人利用。

Ⓓ 选择安全隐蔽的地点。如果前后道路都被堵住，确实无法撤离，可以找一个相对安全的地点暂时隐蔽，等事态平稳了再通过。

Ⓔ 立刻通知家长、老师。如果时间持续得很长，要打电话告诉家长、老师你的具体位置、目前情况，然后按照老师、家长说的办。

你该怎么办？

在街头遇到有人闹事时，不要围观、看热闹。险情来临时不要束手无策；应多动脑筋，想办法。可以直接拨打"110"电话，让警察叔叔来帮助平息事端。

26.看体育比赛时遇到球迷闹事怎么办？

真实事件（头被扔过来的东西砸了）

　　学生小林非常喜欢看球类比赛。一天，他和爸爸到体育场看足球。现场的气氛很热烈，双方为各自喜欢的队伍加油。太巧了，他喜欢的球队进球了，最后赢得了比赛。他欢呼雀跃起来。对方球迷

十分生气，开始发泄起来，扔瓶子、小手电筒等等，现场很乱。他气愤不过，与对方球迷争论起来。突然，对方的人群中扔出几节废电池，碰巧砸在他的头部。"哎呀"一声，小林的脑袋当时就流出了鲜血。

错误做法

Ⓐ 脑子发热，与对方球迷发生争执，引火烧身。

Ⓑ 看球后不马上回家，在容易发生混乱的地方停留过长。

Ⓒ 预见危险能力差，缺乏基本的防护措施。

正确做法

Ⓐ 迅速离开，避免正面冲突。看到对方球迷闹事，要保持清醒的头脑，立刻离开为上策，千万不能与之发生正面冲突，以防止闹事升级。

Ⓑ 表达喜怒情绪要适当，不说过头的话。看比赛就要专心看，说话慎重。有时不知道什么话说过了，就可能会伤害对方球迷，引发骚乱。要有法律观念，遵守球场规定。

Ⓒ 不参与闹事，做文明球迷。看比赛也要讲文明，使用语言要和谐健康，不能带有侮辱、挑逗、人身攻击等词汇，更不能鼓倒掌、"国骂"，鲁莽地扔、砸、摔、燃放东西。

你该怎么办？

备忘录

　　观看体育比赛，作为球迷要文明礼貌。在人多的球场，千万不要逞能，不能讲不文明的话，更不能随意扔东西；遇到球迷闹事，要迅速离开，不能掺和，更不能发生打斗。

27.掉入冰窟窿里怎么办?

真实事件(在结冰河面玩耍,冰面破损沉入水底)

　　去年冬天,某地学生罗兵独自在结冰的河面上玩耍。突然冰面破损,罗兵掉入冰窟窿。他当时就乱了方寸,不大声呼喊,只是拼命抓冰窟窿边缘的冰茬儿,结果越抓冰面损坏越严重。6分钟后,他因体力不支沉入水底,6天后才找到尸体。其实,当时20米外就有3人在散步。如果当时罗兵奋力呼喊,那3人肯定能听到声音,前来营救。

错误做法

Ⓐ 没有安全意识,独自到冰上玩耍。

Ⓑ 对冰面情况没有认真了解,导致意外发生。

Ⓒ 没有大声呼喊,错过被救时机。

Ⓓ 自救措施不正确,消耗了体力,无力求生。

正确做法

Ⓐ 寒冷的冬天，在冰上活动，如果真的掉入冰窟窿里，应该头脑清楚，不能有半点大意和鲁莽。要镇静、机智地对待，预先看附近有没有人，如果有的话，要在调节好呼吸的基础上，大力呼救，争取在最短的时间内得到救援。注意呼喊时，千万不能呛水。

Ⓑ 迅速采取直立踩水法，以保持身体的平衡，控制身体的姿势，稳定情绪后，根据冰面的破损情况，确定上岸方式。

Ⓒ 要平稳接触破损冰面，力求用身体的整体慢慢接近，以减少压力。不急躁、不心急，以免造成更大的坍塌。

Ⓓ 爬出冰面后，不要忘乎所以，要继续以匍匐姿势前进，减少局部压强，以防止冰面再次发生断裂。

Ⓔ 在没有任何外援的情况下，如果接连几次爬冰失败，也不要放弃，要不断努力，坚持到底，树立必胜的信念，直到成功脱险。

备忘录

　　冬季在冰上活动时，为了安全起见，一定要先勘探冰层厚度。可以用锋利的刀子，或者石头把冰层挖开一个直径大约为20厘米的洞口，概略测量厚度。方法是：把拳头握紧，如果冰层是两个拳头的高度，说明能承受人的体重；如果达不到两个拳头的高度，就要小心谨慎了。另外，为了防止意外发生，可以找一根长2～3米的木根，拿在手中，以备急用。必须穿过冰面时，如果木板多，可以采取铺垫木板的办法，交替前进。一旦发生意外，要紧急呼喊，通过自救和旁人帮助，摆脱危险。

28.在室内突发地震怎么办？

真实事件（危险在一瞬间发生）

1976年的唐山大地震时，学生王丽萍还在睡梦中，忽然她被一阵剧烈的震动惊醒了。她随着家长跑出房子，来到院子空地处。看到家里的房子虽然没有倒塌，但是已经裂开了几道口子，倾斜了很多。第二天，她忽然想到了自己心爱的玩具在房子里，就趁家长不注意跑进了房子。忽然余震发生了，她没有来得及向外跑，就被倒塌的房子砸在里面。家长扒她的尸体时发现，如果她立刻蹲下，藏在身边的桌子（空间很大）底下，就根本不会死亡。

"孩子没有死于大地震，却在余震中丧生，真是太可惜了！"家长和邻居都惋惜地说。

 **NO! 错误做法**

Ⓐ 没有防灾的思想准备，不了解余震也能造成很大的伤害。

Ⓑ 为了一点东西，冒险进危房，也没有提前告诉家长。

Ⓒ 地震时没有迅速钻进桌子下面暂时避难。

YES! 正确做法

Ⓐ 地震时立刻跑出房间。地震开始时，要立刻跑出房间，站在开阔地带，远离房间、电线杆，避免被倒塌下来的东西砸伤。

Ⓑ 舍弃财物，生命第一。地震瞬间发生，其破坏力很大，房屋倒塌就是几秒钟、几分钟的事，不能为了带走财物，拖延时间，牺牲了宝贵的生命。

Ⓒ 机智果断。如果时间紧迫，无法跑出去，要立刻躲避到稳固的物体附近。如桌子下、床下、大衣柜、书架、墙角旁边，这在一定程度上能起到支撑保护作用，防止被震碎或震倒的东西砸伤。等震动确实停止后，才可以从桌子或者床下出来。如果有时间，最好检查煤气、水电是否有漏气、漏水、漏电现象，要关掉总阀门、开关或电闸。

Ⓓ 不能重返遭到破坏的房间。地震后，随时可能会再次发生余震，因此在正式解除警报之前，应留在室外空旷地带，千万不能麻痹大意，鲁莽进入危险的房间。

你该怎么办？

Ⓔ 发出求救信号。当自己被困在倒塌的房间里时，不能六神无主，坐以待毙。要认真听外面的营救人员的动静，感到有人来了，要大声呼喊。如果没有人来，不要盲目呼喊，消耗体力。

Ⓕ 不断鼓励自己，坚定信念。如果被困时间很长，要振奋精神，鼓足勇气，暗示自己是最勇敢的，始终保持旺盛的意志。

Ⓖ 如果在室外，尽可能远离高大建筑物，跑到空地为好。不要靠近楼房、树木、电线杆、水塔、大烟筒。切勿躲到地窖、隧道或地下通道内，以免被碎石瓦块掩埋。

备忘录

突发地震时，要保持镇静，争分夺秒最关键；机智灵活，选择安全处躲藏；意志坚定，保持自信，永远不放弃生命。

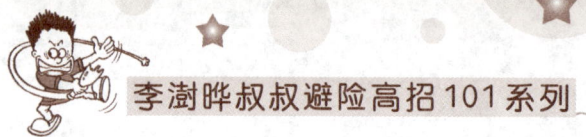

29.遇到化学遗洒物怎么办？

真实事件（脸被腐蚀得扭曲了）

　　假日，学生夏咏、张其骑自行车外出。他们在一条公路上看到了一辆农用车遗洒的黏稠的液体。液体散发出刺激性的难闻气味，冒着气泡。夏咏没有在意，在逞能心理的支配下，加快自行车的速度，首先冲进黏稠液体里。结果自行车好像着了魔，失去了平衡，他从自行车上摔下来。身体接触液体后，衣服冒着白烟，手、胳臂、腿和脸的皮肤马上感到了一股强烈的烧灼感，觉得全身疼痛难以忍受，脸被腐蚀得都扭曲了。他挣扎着退出来，但是全身已经被化学液体严重腐蚀。张其赶紧呼喊拦住过往的车辆，把夏咏送到医院紧急抢救。凡接触到化学液体的身体部分，腐蚀烧伤得都很严重。

错误做法

Ⓐ 自我保护意识差，没有意识到化学遗洒物的危害性。

Ⓑ 在情况不明的情况下，贸然骑自行车沾染危险化学品。

 **正确做法**

Ⓐ 慎重对待，坚决不逞能。看到遗洒的化学液体后，应立刻停下来，保持安全距离，绕路而行。千万不能逞能，违背科学规律，干出愚蠢的事情来。

Ⓑ 紧急报警。发现遗洒问题严重时，应想办法报告有关部门，把遗洒的地点、液体的颜色、气味、数量仔细说清楚，为有关部门处理现场，减低伤害，减少损失，提供宝贵的数据。告诉经过的路人绕道前行，或者插上警示牌。

Ⓒ 不可久留。遗洒的化学液体成分很复杂，什么情况都可能发生。有的液体在光、热等外界条件的作用影响下，可能发生爆炸；有的液体不断地挥发，可能会造成周围的空气污染，使得吸入人员中毒；有的液体可能会伤害人的眼睛、呼吸道，所以要尽快离开。

你该怎么办？

备忘录

　　出外遇到化学遗洒时，要高度重视，绝对不能大意；千万不要擅自接触，更不要在现场停留过久，以免给自己带来不幸。同时，要有高度的社会责任感，想办法通知有关部门处理。

30.遇到水库放水怎么办？

真实事件（只顾捉蝌蚪，被上涨的河水冲走了）

前几年的一个夏天，学生周红红去河边抓蝌蚪。河道里的水不深，只有10厘米，蝌蚪就在水面上游动。周红红下水捞了很多的蝌蚪，心情特别高兴。她只顾捞蝌蚪了，没有注意岸边的告示：注意，近期水库放水，严禁在河道里停留。突然，她感到河道里的水猛涨，观望了5分钟，水就涨了上来。惊慌中她被冲到了一个隔离木桩上。她抱住木桩呼救，幸亏被路人发现，救她上了岸。

NO!

错误做法

Ⓐ 下河道前没有注意观察，更没有发现警告牌子。

Ⓑ 精力全放在蝌蚪上了，忽视了危险的发生。

Ⓒ 见河水上涨没有马上撤离，而是迟疑了一会儿，导致被水冲跑。

YES!

正确做法

Ⓐ 要有安全意识。进入河道里，要首先看看岸边有无"安全告示"，不能只顾玩，要眼观六路，耳听八方，对周边环境做到心中有数。

Ⓑ 要果断采取行动。上游的水下来得很快，水位上升得也快，一旦发现水库放水了，就要争分夺秒，临机处置，立刻上岸，切实保证生命安全。

Ⓒ 不能久留。夏天水库经常放水，必须要有思想准备，注意观察水位变化情况，随时应付出现的情况。在河床里活动时，不能久停，必要时设一个"观察哨"，及时提醒自己。

你该怎么办？

备 忘 录

在水库边游玩时，要时刻提示自己：河道危险，不能麻痹大意；应随时注意观察，发现情况迅速上岸；注意倾听，听到异常的声音，要马上撤离险地。

31.意外陷入洞穴怎么办？

真实事件（其实能活下去，干吗要着急自杀呢！）

1974年，两名学生到西南某地旅游，在进入丛林后，不小心跌进了一个天然的深达20多米的洞穴里。其中的一名学生，看到阴冷的洞穴，根本就见不到天日，顿时心灰意冷，失去了求生的意志，最后竟然精神崩溃，掏出匕首自杀身亡了。另一名学生试着爬了几次没有成功，冷静下来后，根据洞穴的特殊环境，决定养精蓄锐，积极等待，开始了长期坚守的生活。他早晚喝露水，在洞穴的侧壁挖掘一些小的软体动物。坚持了5天后，终于遇到了一位放羊人，成功获得了援救。

 **错误做法**

Ⓐ 对地形不了解，没有预先判断危险。

Ⓑ 没有野外求生的经验，过于紧张，丧失了自信心。

Ⓒ 自杀的同学意志力不强，缺乏任何情况下都要活下去的勇气。

正确做法

在野外一旦不小心陷入洞穴里，应该注意四个问题：

Ⓐ 保持冷静，战胜恐惧，寻找对策，坚信自己能走出洞穴，始终保持高昂的求生意志。

Ⓑ 检查氧气的含量。认真检查一下洞穴里含氧气的量，如果呼吸困难，身体软弱无力，头发晕，四肢酸软，或者是用火柴检验，火柴燃烧不起来，证明氧气少，此时要高度警觉，想尽一切办法，迅速离开洞穴。

Ⓒ 如果发现自己受了外伤，应该先行止血，而后再进行其他活动。

Ⓓ 开动脑筋想办法，可以采用人工堆积法，逐步从一边取土，堆向另外一边，搭建成梯子，梯子的高度直到能离开洞穴为止。并且要积极倾听外面的声音，发现上面有动静，要及时呼喊，争取得到援助。

你该怎么办？

备忘录

如果感到根本就爬不出去，也不能放弃，应该长期坚持。科学收集洞穴里的水，仔细寻找洞穴里的食物。如果发现一些野生小动物、野鸟等进来，要想办法抓住，解决吃的问题。

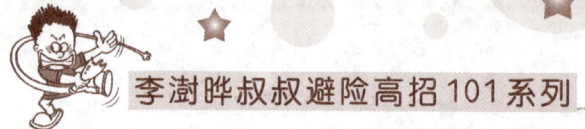
32.遭遇不明物质怎么办?

真实事件（一脚下去，面部被毁）

　　去年夏天，13岁的学生大江随爷爷进山挖树根。他看到一个棕色的玻璃瓶子，就把它当成了足球踢。"砰"的一声，大江被炸得满脸开花，眼睛、鼻子、嘴全被高强度的酸烧坏了。至于那个瓶子，到最后也没有查清楚是谁遗弃在这里的。

NO! **错误做法**

Ⓐ 在野外没有安全意识，麻痹大意。

Ⓑ 好奇心严重，随意去碰不明物质。

YES!  正确做法

　　在野外可能会遇到一些不明物质，千万不能随意碰它。概括起来，不明物质主要有四种：

Ⓐ 航天航空的遗弃物质。航天器发射升空后，在冲出大气层前，会脱离很多的燃料箱和特殊的物质；航空器在飞行途中，也可能掉下一些物质；一些失去控制的卫星、探测器，或者是航空器坠毁下来，散落在野外。

Ⓑ 军事飞机在载弹训练时，不慎把飞弹及实验武器错误地发射下来，没有爆炸，遗弃在茫茫的野外。

Ⓒ 以往军事作战、训练中遗留下来的弹药、化学武器、生物武器，掩埋的地雷、雷管等等。

Ⓓ 当地的一些化学工厂遗弃的废弃有害物质；天然的放射性物质等等。

你该怎么办？

 备忘录

　　野外活动时，无论发现什么样的不明物质，都要认真对待，不能随意触碰，应该远离不明物质，或向有关部门报告，及时排除危险物，免得它再伤人。

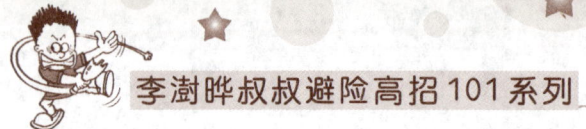
33.遭遇龙卷风怎么办？

真实事件（卷向天空200多米）

13岁的卓玛喜欢在野外拍照。一次她与爸爸深入沙漠里拍照片。忽然相机取景框里出现了一个"大象鼻子"，吓得她目瞪口呆，全身哆嗦。看着"大象鼻子"越来越近，她脚都不敢动了。瞬间吼叫的"大象鼻子"到了身边，巨大的旋转力，把她和爸爸卷向天空200多米，3分钟后，他们从半空先后摔落下来，受了重伤。

错误做法

Ⓐ 没有龙卷风的常识，对其危害认识不清。

Ⓑ 遇事紧张，不知道紧急逃生。

YES! 正确做法

Ⓐ 认识龙卷风。在野外如果遇到龙卷风是非常可怕的事情，龙卷风的威力极大，中心的旋转速度超过200米/秒，所到之处，房倒树上天，毁坏力强大。远远望去，龙卷风的样子像一个巨大的漏斗，与大象鼻子差不多。它的直径不大，但是由于旋转速度快，中心低压，所以有超功率吸尘器之说。只要它经过的地方，就会把沙石、牲畜、树木、粮食等物吸进去，而后再抛下来。

Ⓑ 积极预防。发现龙卷风的迹象后，应该立即躲避。如果在房屋里，要开开门窗，使房子内外气压平等。同时面向墙壁，蹲下来抱头隐蔽好。在野外应该观察龙卷风的运动方向，要朝龙卷风相反的方向跑，或者朝垂直方向跑。如果龙卷风已经到达，没有机会逃跑，应立刻趴在地上，闭紧嘴，双手抱头，以防止头受伤。

备忘录

　　龙卷风的破坏力强大，对人的生命安全威胁大，应该引起重视。根据气象学知识，龙卷风通常发生在春季。在这个季节里外出，要格外警惕。注意如果是开着汽车的话，要立刻弃车而逃，不能留恋财物，以保证生命为第一根本。

34.遭遇泥石流怎么办？

真实事件（人与帐篷的影子都没有了）

一年暑假，学生胡芯与妈妈、爸爸带着帐篷到野外旅游。由于没有经验，爸爸把帐篷架设在山谷里。他们正睡着觉，突然下起了大雨，大量的沙石与泥土把山谷填平了。待救援的人找来时，全家人与帐篷的影子都没有了。

 **错误做法**

Ⓐ 野外宿营，没有正确选择营地的经验和常识。

Ⓑ 未能对气象情况进行了解，也未对周围地形进行勘察。

Ⓒ 没有预见野外宿营的危险性。

正确做法

在山区，许多地方的山石比较松软，植被稀疏。当普降大雨时，就会把山上的石、沙、泥土冲下山。大量的岩石、泥土、树木、鹅卵石、沙子在洪水的冲击下，顺着陡峭的岩壁呼啸而

下，速度很快，很快就会把山谷填满。因此，决不能选择在这样的地形里宿营。

很多有经验的山区农民、采药者、地质工作者、侦察兵，在实践中摸索总结了许多预防泥石流的办法：

Ⓐ 预测为主。因为泥石流是由于大雨而引发的，只要在野外及时预测天气，掌握降雨的时机，赶在降雨前离开山谷，迁移至安全的地方，就能有效地防备泥石流。

Ⓑ 认真听声音。野外爆发泥石流前，会有许多征兆的。如果在山谷里的房间，或者帐篷里避雨时，听到从山顶传来轰隆、轰隆的声音后，要立刻离开房屋，向安全地方转移。

Ⓒ 舍弃财物，保证生命。逃生时，要分秒必争，如果身上携带的财物沉重，会影响逃跑的速度。而泥石流的速度又非常快，必要时要舍弃财物，与泥石流的速度赛跑。

Ⓓ 逃生路线要安全。进山时就要注意观察道路情况，把周围的环境搞清楚，知道一旦发生危险该往什么地方跑，切实做到心中有数。

备忘录

　　泥石流的破坏力大，对人的生命安全构成直接的威胁。所以一旦进入山谷，要把情况调查清楚。根据地形情况，判断以前是否发生过泥石流；根据天气情况，判断近期是否有暴雨下来；根据植被的生长情况，分析泥石流发生的可能性；如果需要在山中过夜，要慎重选择安全的地点。

35. 遭遇冰雹怎么办？

真实事件（鸡蛋大的冰雹砸到了头上）

夏天，学生魏乐在外面放风筝。突然狂风大作，下起了大雨，雨中还夹杂着冰雹。魏乐觉得冰雹好玩，不但没有躲避，还用手去接。突然，一个鸡蛋大的冰雹砸了下来，一下子砸在他的头上，他当场就昏过去了。

错误做法

Ⓐ 没有安全意识，对冰雹的危害估计不足。

Ⓑ 头脑简单，只想着玩了，没有及时躲避冰雹。

正确做法

Ⓐ 了解冰雹。夏天的气候炎热，近地面的气温高，气流上升快，高空中水滴就会被迫上升。到达一定高度时，水滴就会凝结成冰晶，冰晶由小到大，当重量超过一定的限度时，就会随着雨水掉下来。根据实际测量，最大的冰雹直径可以在30厘米左右。有人曾经目睹过一个苹果大的冰雹，恰好砸在了一头牛的头上，牛头被砸碎，当即倒地死亡了。

Ⓑ 认识危害。冰雹对人的威胁很大，在没有防范的情况下，十分危险。在野外一旦遇到冰雹，千万不要惊慌失措，只顾拼命奔跑，要坚持就地隐蔽。一是重点保护好头部。无论什么情况，都要先护住头部、颈椎与腰部。如果有坚硬的东西，可以把坚硬的东西放在头上，保护头。二是找隐蔽地点躲避。在下冰雹时，要一边护住头，一边及时跑到安全地点隐蔽。三是自我救助。在野外赤手空拳，又找不到隐蔽地点时，应该双手抱头，蜷曲身子，以半蹲姿势，尽量减少与冰雹的接触。

你该怎么办？

备忘录

　　其实，很多的事情是可以坏事变好事的。冰雹的温度很低，主要成分是水。夏天遇到大量的冰雹下来时，在安全的前提下，可以及时收集起来，制作一个简易冰窖，以备急用，特别是在水源缺乏的地方，及时收集冰雹很有意义。

36.遇到海难怎么办？

真实事件（等待，只有死亡）

　　去年夏天，在南太平洋某海域里，有一条私人客轮发生了撞礁事件。当时有幸生存的12岁的马西姆，看着燃烧的客轮，看着家人倒地的惨烈样子，吓得目瞪口呆，根本就不知道逃跑。6分钟后，客轮爆炸了，气浪把马西姆掀到海水里，造成了窒息死亡。救援人员在途中，眼睁睁地看着悲剧发生，却没有任何办法。

NO！

😞 错误做法

Ⓐ 遇到紧急情况，目瞪口呆，坐以待毙。

Ⓑ 没有求生的经验，没有预见新的危险就要发生。

Ⓒ 反应迟钝，不知道先脱离危险区域。

YES！

🙂 正确做法

Ⓐ 迅速正确地逃离危险区。

　　第一，迅速离开即将爆炸的客轮。如果客轮燃烧，就有爆

炸的可能。无论当时多么困难，应该迅速设法远离遇事客轮。

第二，如果客轮缓慢下沉，要离开船舱，到甲板上来，寻找最佳的逃生地点。

第三，最好借助救生器材逃生，如救生筏、救生圈、救生衣等等。在离开危险区前，只要时间许可，要尽可能带上食品、饮水等。

第四，正确选择逃离的方向。如果发现附近有岛屿，就坚持朝岛屿方向划水；如果发现有过往的船只，就要朝着船只方向逃离。逃离的速度要快，不要耽误时间，因为爆炸的发生很短促。

Ⓑ 听从指挥。遇到海难以后，千万不要慌乱。要听从船长的指挥，按部就班地逃离。上救生艇时，要先照顾老人、妇女、小孩，并尽可能帮助成年人向救生艇上搬运食品、饮水等救生物资。在救生艇上要保持安静，不要来回晃动，以防止发生翻艇。

Ⓒ 必须游泳逃生时，在落水前要尽可能寻找有浮力的依托物，如木头、门板、桌椅、木箱、绳子等等。在水里千万不能脱去衣服，特别是在寒冷的冬天。因为冷水也会危及生命。

Ⓓ 游泳时要及时避开危险。如避开礁石的撞击、水蛇的攻击、海蜇的袭扰等。在借助简易救生器材漂流时，适时寻找可以食用的海洋生物。如遇到鱼、虾、海带等，要及时抓捕到手，以备断粮时食用。

你该怎么办？

备忘录

海难对人是严峻的考验，最磨炼人的意志与品质。当发生海难后，要沉着冷静，设法利用可以利用的各种条件，顽强地活下来。

37.遇到空难怎么办？

真实事件（疯狂奔跑，精神失常）

20世纪60年代，一架客机因机械故障坠落在原始丛林里。绝大多数人当时就死亡了，只有12岁的玛娅与奶奶活了下来。玛娅与奶奶在残存的飞机残骸里挣扎着，在扭曲的尸体上爬行，坚持着爬出飞机。谁知爬出飞机以后，她却想到飞机里一幕幕惨象，突然精神失常了，疯狂地奔跑，纵身跌入山崖下，摔死了。

错误做法

Ⓐ 心理承受能力差，没有进行自我暗示，积极调节紧张心理。

Ⓑ 既然爬出飞机就应积极逃生，不应盲目乱跑，导致二次死亡。

正确做法

Ⓐ 服从指挥。飞机是在空中遇到危险，服从指挥是最重要的。必须无条件地听从乘务员的安排，按照科学的救护要领行动。

如果是密封增压舱突然失密释压时，要根据指挥人员的口令，正确使用氧气面罩，及时给氧，保证身体的需要。

如果机舱内失火，要尽可能蹲下来，用湿毛巾堵住口鼻，防止一氧化碳及火焰气浪引起中毒和呼吸道烧伤。如果衣服着火时，千万不要奔跑，要就地迅速熄灭。

飞机迫降过程中，不要解开安全带，要始终保持安静，听从统一指挥。如果是女性，应该脱下高跟鞋，男性解开领带，两腿分开，脚掌紧贴地面，双臂交叉握住自己的两小腿，同时用力，以减少冲击和震动。飞机停下来后，要有秩序地来到紧急出口，立刻转移到安全地方。

Ⓑ 正确逃离险境。飞机出现故障后，迫降也好，直接摔下来也好，情况大多是万分危急的，随时有可能发生爆炸，"二次死亡"的威胁就在身边。要根据地形情况，科学逃生，到达安全地点后，再处置伤情。

Ⓒ 收集食物，创造生存条件，等待救援。从残骸中成功逃生后，先分析情况，如果落到荒无人烟的海岛、森林深处，一时又无法走出去，就要下决心，准备长期坚守了。

备忘录

根据统计，飞机在起飞后的8分钟与降落前的8分钟发生问题的机率高。因此在飞机起落时，对安全问题应格外重视。飞机在空中遇到危险后，一般会紧急迫降，大多数是迫降在水里，所以还要预防水淹，防止溺水的发生。

机智、勇敢，加上必要的救险逃生知识，能为你的生命保驾护航。

38.发现下水道堵塞、天花板、暖气漏水怎么办？

真实事件（室内臭气熏天）

薛强在卫生间里方便，冲水时发现下水不顺畅，水不往下流，还"咕咚、咕咚"地往上翻泡。这时同学来找他去学校打羽毛球，他没有太在意下水管道的问题，以为没有什么大事呢，拿着拍子就随同学走了。3个小时后，他回来发现家里成了污水池，全是楼上卫生间灌下的污浊之水，臭气熏天，令人作呕。妈妈回来狠狠责备了不负责任的薛强。

错误做法

Ⓐ 疏忽大意，没有对下水不顺畅（漏水、渗水）的问题引起重视。

Ⓑ 发现问题后，没有及时通知家长，没有告诉物业管理人员。

 **YES!**

正确做法

Ⓐ 发现异常立刻向家长报告。发现家里下水道堵塞、天花板、暖气漏水的问题，要高度重视，不能熟视无睹，好像与自己没有关系。要以最快的速度打电话通知家长，让家长尽快处理。

Ⓑ 做一次家庭的主人。不能离开家，要注意观察情况发展，随机处置。如果没有与家长联系上，可以直接向小区的物业人员反映情况，请求他们赶快来人解决。

Ⓒ 向邻居求救。可以敲开邻居家的门，把情况告诉邻居，让邻居帮助处理解决一下。

Ⓓ 可以向警察求救。发现下水道堵塞、天花板、暖气漏水严重时，一时又束手无策，也不要紧张，可以直接打"110"，向警察叔叔求援，他们会帮助你想办法的。

你该怎么办？

备忘录

　　要把自己当成家庭的小主人，平时要多关心家庭，积极协助家长，把家庭建设得美好、和谐，避免人为灾害的发生。

39.遇到小动物的突然攻击怎么办?

真实事件(被黄鼠狼咬了一口,半个月后开始发作)

　　王旬很喜欢参加环保活动。一天下午,他与同学到郊区捡废弃的塑料袋,突然从一片树丛里跑出一只黄鼠狼。慌乱中黄鼠狼用前爪抓了他的胳臂,还咬了他一口,顿时皮肤出现了一排很深的牙印,还流出了鲜血。同学劝他去打狂犬病疫苗,他说也不是狗咬的,不

用打。王旬真的没有在意,拿出几张纸包住了伤口,继续捡塑料袋。回家后,他感到疲倦,倒头就睡了。醒来后,因害怕家长说自己淘气,也没有声张。半个月后,他开始出现高热不退、抽搐、呼吸困难的现象,送到医院,医生说他患的是狂犬病。

 **NO!**

错误做法

Ⓐ 没有基本的卫生防护知识,被黄鼠狼抓了、咬了还满不在乎。

Ⓑ 没有及时告诉老师和家长。

ⓒ 自己处理伤口，随便用纸包扎，大意了。

ⓓ 没有听从同学的话，马上去医院处理伤口，去防疫站打狂犬病疫苗。

YES! 正确做法

Ⓐ 被动物咬伤后，要高度重视，丝毫不能怠慢，应马上去医院处理伤口。在学校要找校医处理，而后按照医生的意见办。

Ⓑ 听同学的建议，立刻去防疫站注射狂犬病疫苗。

Ⓒ 应如实向家长、老师汇报。遇到这种紧急情况，不要害怕家长责备自己，生命最重要。要一五一十地主动向家长说明发生的情况。这件事你向家长、老师说了，家长、老师不但不会责备你，还会表扬你的诚实，对生命负责任。

Ⓓ 紧急处理伤口。可以用布条在伤口上方绑紧，由伤口的四周向内心压迫，使含毒的血液流出；然后用干净的水反复冲洗伤口，同时紧急去医院处理。

你该怎么办？

备忘录

　　遭到动物的攻击和伤害，无论轻重，都不能麻痹大意，更不能向家长、老师隐瞒真相。必须认真对待，刻不容缓。最保险的办法就是及时去医院看医生，注射狂犬病疫苗针，以防染上狂犬病。平时不要惊吓或过分抚摸、逗弄猫狗等动物，避免被伤到。

40.遇到断开的电线怎么办？

真实事件（断裂的电线粘住了他）

　　暑假的一天下午，严理同学去游乐场玩过山车，玩得很开心。回家的路上，天色已经黄昏了。路边的树上挂满了各式各样的小彩灯。他路过一个小饭店时，看到一棵树上垂掉着一根断开的电线，高度正好与他的鼻子一样，碰了他的鼻子一下。他感到麻嗖嗖的，气得一把抓起电线，准备把电线扔上树顶。突然，他感到全身麻木，呼吸困难，想扔掉电线，电线却好像粘住了他一样，怎么也扔不出去，后来他就什么也不知道了。饭馆的人出来后，发现他已经触电，深度昏迷。原来，这根电线是饭馆接室外电灯用的，220伏的电压，不知道什么时候断开了。

聚德饭馆

霖玲饰品

NO!

错误做法

Ⓐ 安全观念淡薄，遇到断开的电线没有警惕性。

Ⓑ 鼻子已经感到麻木了，还没有警觉。

Ⓒ 与电线赌气，手抓断开的电线，太大意了。

Ⓓ 没有高声呼喊，错过了最佳的抢救时机。

 **正确做法**

Ⓐ 走路当心，注意观察前方情况。在外走路，什么情况都可能遇到，如路面破损、下水井缺盖、机动车失控、断开的电线等等，走路要精力集中，不能一心二用，心不在焉，最好不要边走边听MP3。那样万一遇到了情况，没有一点反应时间，就会陷于被动。

Ⓑ 迅速离开。发现断开的电线时，因为无法判断是否有电，要保持安全距离。迅速离开是最安全的选择。绝对不能麻痹大意，冒失动手。

Ⓒ 告诉饭馆的人，赶快处理。学生要有社会责任感，发现断开的电线时，应及时向有关人员反映，让他们赶快处理。这既是对自己负责，也是对他人、对社会负责。

Ⓓ 通知城管或者警察叔叔。可以打电话向城管人员报告，也可以告诉警察叔叔，城管人员、警察叔叔肯定会认真来处理的，因为这是人命关天的大事。

你该怎么办？

 **备忘录**

　　遇到断开的电线时，不要草率行事，在没有弄清楚情况之前，坚决不能接触电线，也不能逞能拉扯电线，更不能拿电线出气。

41.遇到枯朽的大树怎么办?

真实事件（鲁莽爬上枯朽树，一死一伤）

　　学生周天的家就要搬迁了，他特别留恋这个街道，最割舍不下的是胡同里有一棵百年的大槐树。从小就在大槐树下玩，对它很有感情。由于病虫害，大槐树的内部已经开始腐朽了，几乎空了一半，树顶也已经枯黄，看上去很凄凉。为了留个纪念，周天决定拍照留念。这天放学后，他邀请同学马红帮助拍照。两人来到胡同里的大槐树下，开始取景。周天前后、左右拍了好几张，觉得还不过瘾，最后提出上树照几张。刚爬到一半，大槐树的树干呼啦啦地倒了下来，当场把周天砸倒在地。马红虽然躲过了树干，却被树枝子严重划伤了。

NO! 错误做法

Ⓐ 安全意识差，对爬树的危险估计不足。

Ⓑ 明知道大槐树已经枯朽了，还冒险爬树。

Ⓒ 事前没有告诉家长要去拍照，导致事故发生。

正确做法

Ⓐ 在远处拍照。枯朽的大树根茎不稳，随时可能会倒下来，千万不能靠近。如果想拍照，要在安全距离以外拍照，留个纪念就可以了。

Ⓑ 绕着走。无论在什么地方遇到枯朽的大树，在保持安全距离的同时，要尽量绕着通过，不要怕麻烦。因为枯朽的大树遇到地震、大风，或外力的撼动，都可能对人的安全造成威胁。

Ⓒ 不攀比。不要好奇，更不能麻木不仁。看到别人爬树没出事，就认为自己爬也不会有事。千万不要这么想，更不能这么做，很多不幸事件发生就是因为大意、攀比造成的。

Ⓓ 不久留。如果真的靠近了枯朽大树，要迅速离开，不能像考古学家一样看个没完没了。其实，有时生命很脆弱，生与死就是转瞬间的事，大意不得。

Ⓔ 不钻洞。一些人喜欢钻枯朽的大树洞，实在太危险了。树洞里面可能藏着"杀手"（毒蛇、黄鼠狼、野猫等），里面情况复杂，滋生着很多病菌，危机四伏。如果只图一时的快乐，轻易往里钻的话，可能会遭遇动物袭击，发生不愉快的事。

你该怎么办？

遇到枯朽的大树，不要好奇攀登、嬉戏打闹，避免意外事故发生。要记住五不：一不围观，二不攀爬，三不久留，四不钻洞，五不靠近。

42.遇到废弃的砖窑怎么办？

真实事件（好奇进砖窑，窑体倒塌被压埋）

暑假的一天，学生龙龙与东东相约骑车到郊区爬山。两人骑了几个小时感到很累了，准备休息一下。可是四处空旷，没有一棵树遮阳。两人四下观察，发现成群的燕子、蜻蜓在集体低空飞行，好多蚂蚁在搬家呢。他们觉得很新奇，没有多想。忽然发现不远处有一个废弃的砖窑，就进去休息。由于很乏累，他俩一会儿就迷迷糊糊睡着了。一股乌云飘过来，暴雨突至，他们庆幸找到了避雨的好地方，可是砖窑的墙本来就不堪一击，经风雨一打，意外发生了，墙忽然倒塌，当时就把两人砸伤了。两人紧急呼救，终因体力不支昏迷过去。过了三天，才被家人寻找到。此时，两人已奄奄一息。

错误做法

Ⓐ 没有对废弃砖窑的安全情况进行勘察，盲目进入。

Ⓑ 没有通过动物反常现象及时预测出天气情况，尽早离开。

Ⓒ 在野外睡觉，没有警惕性。

 **正确做法**

Ⓐ 遇废弃砖窑，不进去，更不能睡觉。发现废弃的砖窑后，不能图一时新鲜劲，盲目进去看个究竟；更不能在里面睡觉，否则会遇到某种不测。因为废弃砖窑里藏污纳垢，是许多毒虫藏身的最佳地点。另外，由于长期见不到阳光，会滋生很多致病病菌，容易使人感染生病。

Ⓑ 不靠近，保持安全距离。千万不要在废窑外面靠、坐、卧、躺，废弃砖窑大多年代久远，墙体基本没有支撑力了，稍微遇到外力，就可能发生倒塌现象。如果你在外面休息，也会遇到危险。

Ⓒ 提高警惕，作好防护。一旦进了废弃砖窑，要集中精力，认真勘察，随时准备应对各种情况的发生，发现异常及时撤出。

Ⓓ 保持镇静。如果进入废弃砖窑，不要在里面大声呼喊、乱跑，也不要到处翻挖东西，以减少危险发生的可能。

备忘录

　　废弃的砖窑里潜伏的危机很多，千万不能盲目进入；哪怕是在其外侧墙体附近休息也不安全。

87

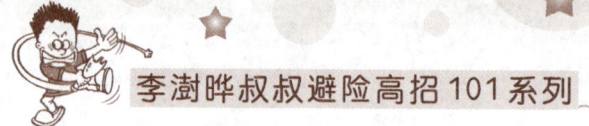
43.放风筝遇到危险时怎么办？

真实事件(风筝线断了，贸然去取而触电)

　　小区，空中飞舞着一个"串龙"风筝，同学们都说好看。风筝的主人夏勇一边控制着风筝，一边听着同学们的赞语声，高兴得眉飞色舞。夏勇特别喜爱放风筝，家里的风筝有30多种，他自己也学着制作，"串龙"就是他的杰作。"串龙"在天空飞着，忽然一阵大风吹来，把线吹断了。"串龙"随风飘落在一个变压器上。夏勇气喘嘘嘘地追来，三下两下就登上变压器拿风筝。突然，一股强烈的电流通过他的全身，把他击倒在地。等同学们赶来，他已经死亡了。脸是扭曲的，还有烧焦的地方，样子很吓人。其实，变压器前明确提示：有电危险！远离。

NO!

😞 错误做法

Ⓐ 一心想取风筝，忽视危险的存在。

Ⓑ 不考虑后果，没有看变压器的警示语。

Ⓒ 经验不足，选择放风筝的地域不宽敞。

YES! 😊 正确做法

Ⓐ 放弃风筝。如果风筝落在变压器上，真的很危险。变压器的电压一般很高，一旦触电就会危及人的生命。所以，为了安全起见，最好放弃风筝。其实，谁都明白这个道理，生命比什么都重要。

Ⓑ 请电工来帮助。如果是特别喜爱的风筝，可以请管理变压器的技术工人帮忙。千万不要怕麻烦，为了生命安全，麻烦一些又算什么呢。

Ⓒ 注意安全，综合考虑。放风筝一定要注意安全，最好选择地域宽阔、人少的地方放。一定要考虑风筝的安全性。风筝断线后，可能会引发交通事故、电器事故等等，不可掉以轻心。另外，在高处放风筝时，要注意脚下，千万不要踩空，造成摔伤。

你该怎么办？

备忘录

　　放风筝要选择宽敞地带，远离高压线、人群、道路狭窄的地点。千万不能只想着自己高兴，要把安全因素考虑周全，不能顾此失彼，造成悲剧发生。

89

44.突然刮沙尘暴怎么办?

真实事件(祸从天降)

放学回家的路上，突然刮起了沙尘暴。陈力强同学正听着MP3，见昏黄的沙尘暴来了，他用手捂着脸准备躲避。慌忙之中，他与几个同学一起跑向了一栋塔楼下面避风。陈力强刚刚停下来喘口气，突然，头被一个重物狠狠地砸了一下，鲜血直流，他当即倒地不动了。同学们被这一惨景惊呆了。原来，重物是从12楼坠落下来的一个大花盆。花盆的主人给花晒太阳，放在了阳台靠外的地方，忘记关窗户了。大风一吹，窗户猛地把花盆推了出去。就这样，发生了不该发生的惨剧。

NO! 错误做法

Ⓐ 刮沙尘暴时，没有预见到楼下避风的危险。

Ⓑ 没有抬头看看楼上有无危险物品。

YES!

:) **正确做法**

Ⓐ 预见危险，认真对待。在城市里遇到大风、沙尘暴，要特别注意自身安全。危险主要来自高楼上的悬挂物（年久的空调、花盆、晾晒的物品、破旧的窗户等）、大型广告牌、电视天线架、卫星天线接收器、大树等，要防止这些东西被风吹倒发生意外。

Ⓑ 科学选择避风点。不要靠近高楼，不要站在广告宣传架附近避风，也不能站在枯朽的老树附近避风；最好选择在楼道里面，商店里面或地下通道里。

Ⓒ 注意用眼睛看，用耳朵听，安全第一。无论在什么地方避风，都要认真观察，上下左右都要注意，不能顾此失彼。听到异常的声音，要迅速做出逃生的反应。另外，要注意保护眼睛与呼吸道。

Ⓓ 紧张而不乱。如果在室内遇到大风、沙尘暴，应该立刻把阳台晾晒及悬挂的物品收好，特别要把花盆及时拿进屋。同时关好窗户，防止发生意外。

你该怎么办？

备忘录

　　遇到刮大风、沙尘暴，要保持冷静，无论去什么地方避风，首先要想到避风的地点有没有危险物品，可能会有什么危险发生。有了准备，安全系数就大了。

45.突然遇到雷击怎么办?

真实事件(炸雷过后,烧伤了皮肤)

去年的夏天,某地的雷雨天气特别多,雷也打得特别响。老百姓称这种雷为炸雷。学生赵河生性爱玩,胆子大,天不怕,地不怕的。星期六的天气预报有雷雨,妈妈不让他出门,可他还是悄悄地溜出家门,到外面踢足球去了。踢了一会儿,忽然天气大变,天空乌云翻滚,黑黑的云彩从远出冲他压过来。他没有理睬黑云,继续踢足球。很快雨点下来

了,他急忙躲到一棵大树下避雨。突然一个闪光炸雷打下来,树被劈成两半,他也被炸雷烧伤了。

NO! **错误做法**

Ⓐ 没有安全意识,明知道有雷雨天气,还要出门。

Ⓑ 缺乏避雷电的知识,竟然跑到树下避雨。

正确做法

Ⓐ 认清危害，避开容易遭雷击的地方。炸雷的破坏力大，可以把大树劈断，将大的牲畜击死，把房屋击毁。户外有很多地方容易受到雷击，大树下面、电线杆子下面、高大的铁塔下面、高大的建筑物旁边，这些地方都是雷电容易光顾的地方，应尽可能避开。

Ⓑ 水域周围不能久留。水面是导电体，电离子聚集起来后，会发生摩擦碰撞，导致炸雷发生。

Ⓒ 去掉身上的金属物质。雷电交加的野外，电离子很集中，碰到金属最容易发生导电与放电，导致引雷上身的恶果发生。因此打雷时要将身上的金属物品拿掉。

Ⓓ 遇到雷雨后，应该立刻回到隐蔽安身的场所，不要在外面停留时间过长。

Ⓔ 雷雨天气在野外行走，千万要谨慎小心。要选择开阔的地段行走，不要在山岗的顶部走动。

Ⓕ 反应要迅速，措施要得力。在外遇到雷雨后，一旦无法躲避，应该提高警惕，如果发现自己的头发被外力竖立起来了，皮肤辣热，要立刻就地卧倒在地，千万不要继续站立。

Ⓖ 关闭家用电器。在室内也要注意防雷击。打雷时，应该把电视机、收音机、录音机、冰箱等家用电器关掉，以防止雷电通过天线"钻"入屋子。

你该怎么办？

备忘录

雷雨天气，为了安全起见，最好要找房屋避雨，实在没有房屋，可以找干燥、安全的地下通道、过街天桥下面避雨。最好不要打伞前进，特别是带金属架的伞更不宜使用。

46. 受到鲜花"攻击"时怎么办？

真实事件（令人窒息的鲜花）

今年暑假，学生张革蓝与妈妈到南方看姥姥。姥姥家在农村，周围全是小山、河流，风景如画。她很喜欢鲜花，看到村后的山上、小溪旁的野花艳丽夺目，香气迷人，她高兴得手舞足蹈。一天早上，她独自散步上山看花，鼻子贴到花上，闻个不停，还顺手采摘了许多好看的鲜花，拿在手上，插在头发上，一个人玩得可开心了。她感到累了，就躺在水边上看着白云，还把鲜花盖在脸上。一会儿的时间，她感到气管难受，痉挛得非常剧烈。原来，她支气管哮喘发作了，呼吸道几乎被阻塞，憋得连说话的力气都没有，脸都发紫了。她痛苦地挣扎着，一翻身掉进了小溪里，呛了好几口水，幸亏妈妈及时赶到，立刻送她去医院，才免于危险。

错误做法

Ⓐ 随意采摘鲜花、植物、杂草,许多过敏物质可能就隐藏在其中,"招惹"它们以后,就会给你以颜色。

Ⓑ 亲密接触鲜花,把花放在脸上,致使过敏性物质从鼻子、嘴进入呼吸道。

Ⓒ 休息的位置不安全,距离溪水太近。

正确做法

Ⓐ 外出告诉家长,轻易不能乱采乱摘。这样就会降低危险的发生。无论在什么地方活动时,不能轻易上前采摘鲜花,更不能靠近口、鼻、眼睛等部位,也不要随意插在头发上、耳朵边。

Ⓑ 警惕花粉过敏。花草树木多的地方,空气里花粉浓度比较高,有过敏史的学生一定要格外注意。最好离花远一点绕着走。

Ⓒ 注意防护。对花粉过敏的同学,在春季花开时节,外出应该随身准备好简易口罩,准备预防哮喘的药物。

Ⓓ 哮喘发作时保持镇静。遭到"鲜花"的攻击后,特别是发生了哮喘等严重反应时,一定要镇静,尽快去医院求医或请他人帮助。不能乱了方寸,加重危害程度。

你该怎么办?

备忘录

高兴起来不能忘乎所以,更不能乐过了头,不管不顾;要把安全放在首位,宁可少玩点,少看点,也不能自损身体。

95

47. 遇到突然的压埋怎么办？

真实事件（石头竟刺破大腿）

学生陶军喜欢收藏石头。放暑假了，他到河床里寻找美丽的石头，突然山边的碎石头滚下来，正好把他的身体压住。一块锋利的石头刺破了他的大腿，动脉血管破了，鲜血喷了出来。他没有先止血，而是拼命喊救命。幸好被路人及早发现，他才脱离了险境。

错误做法

Ⓐ 预先没有对河床周围的山体情况进行勘察。

Ⓑ 遇到突然情况没能及时躲避。

Ⓒ 血管破了没有想办法止血。

正确做法

野外的地理环境复杂，各种地段的情况特殊，有许多隐含的危险，稍微不注意就会遇到压埋等严重问题。

可能会遭到什么东西压埋呢？常在野外工作的人总结出来的经验是，有沙土、泥石流、大树、积雪等等。在野外一旦受到压埋后，应该怎么办呢？

Ⓐ立刻判断情况，正确处置。遇到被压埋后，不要惊慌，应该冷静分析当时的情况，预测一下危险是不是还要连续到来，看自己能不能立刻离开险境。处置的顺序是，先解除对自己生命的严重威胁。若是遇到连续的危险，必须想尽一切办法迅速逃离。

Ⓑ检查自己是否受到伤害，先排除呼吸道的异物，保持呼吸畅通。如果有大出血，要立刻采取紧急止血法止住血，以防止失血过多，造成体力不支。如果有骨折，要谨慎处理，移动身体时要小心，保证以后的治疗。

Ⓒ及时呼叫。如果发现周围有人，应该主动发出呼救信号，积极等待救援人员的到来。

Ⓓ救援的人要一点点地清理压埋物，不要强行拉拽被压埋人的胳臂、腿，以防止造成严重的创伤，引发大出血。

48.电梯发生意外怎么办？

真实事件（深不见底的黑洞）

　　一天，小红下学后与爸爸到某宾馆看亲戚。晚上与亲戚在宾馆吃饭。饭桌上，亲戚们喝酒、抽烟，小红觉得空气不好，准备下楼玩一会儿。她拿出手机边走边编辑短信，来到电梯口，由于灯光暗，她没有注意电梯情况，正要抬腿进电梯门，突然有人高喊"危险，快出来"。话音未落，一个管理员跑来，抓住她的胳膊。小红认真一看，原来是电梯维修，里面是深不见底的黑洞。吓得她面色苍白，精神高度紧张，全身哆嗦，半天说不出话来。电梯管理员批评她不注意看警示牌，险些酿成大祸。

⑧

电梯维修
注意安全

NO!

错误做法

Ⓐ 缺乏安全意识,乘电梯前没有注意看警告。

Ⓑ 进电梯前注意力不集中,边走边编辑短信。

YES!

正确做法

Ⓐ 一停、二看、三上。电梯一旦发生意外,真的很危险。所以,在乘电梯时,要牢记安全二字。上电梯前,看电梯是否在维修,是否有提示牌,发现问题立刻选择其他途径上下楼。

Ⓑ 自觉遵守规定。在电梯里严禁烟火,严禁打闹、蹦跳,如果发现已经满额,就主动下来,等下趟电梯,不能强行上电梯,以防止发生失控坠底事故。

Ⓒ 沉着冷静。一旦电梯运行中发生了故障,不能惊慌,更不能丧失理智,干出有违常理的事情来。可以按紧急按钮,通知电梯管理员来处理。可以使用手机,拨打"110",请民警来处理。也可以用力呼喊,或者拍打门,向外发出求救信号。

你该怎么办?

备忘录

乘无人看管的电梯,不能随意按电子控制按钮,更不能在里面乱折腾,随意拆卸电子设备。

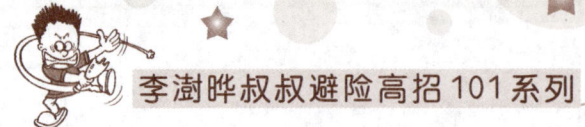

49.必须要乘小木船过河时怎么办？

真实事件（船体失去了平衡，翻进水里）

暑假的一天，12个同学相约到郊外某博物馆参观，遇到一条河，需要坐小船才能到达对岸。当地的一个船工划来一条小船，他们问能坐几个人，船工说按规定是8个人，但最多能坐18个人，没有问题。几个学生着急赶时间，就上了船，船的吃水线已经被水淹没了。到了河中心，一个同学与另一个同学打闹、开玩笑，大家的身子一晃动，突然船体失去了平衡，翻了，全体同学都掉进水里。幸亏岸边的人及时发现，费了好大的劲才将他们一个个营救上岸。

救命！

NO! 错误做法

Ⓐ 对乘船的安全认识不足，明知道满员是8个人，还继续上船，把自己置于危险境地。

Ⓑ 在船上打闹、开玩笑，导致船体倾斜，失去平衡。

YES! 正确做法

Ⓐ 安全第一。乘小船过河，发生问题，后果很严重。所以，上船前，要问清楚船的承载能力，如果感到危险，就不能上船了。上船前，还要看船的质量，是不是有合法的运输执照。如果是"黑船"，就不能上。

Ⓑ 严格遵守规定。坐小船千万按照秩序上下，坐在上面应该保持安静，不能乱走、乱蹦、乱打闹；一定要集中精力，随时准备应对紧急情况。不能只顾玩水，或者精力放在照相上，使身体倾斜，否则会造成船体失衡，发生翻船事故。

你该怎么办？

备忘录

　　乘小船过河时，不能麻痹大意。一旦真的掉入河里，不能慌乱。要沉着冷静，采取积极的自救手段，奋力划水，或抓住漂浮物等待救援。

101

50. 遇到海啸怎么办？

真实事件（被海浪夺去宝贵生命）

前几年的一个夏天，东南亚某海岛上，人们正在海滩上休闲散步、躺卧、晒太阳，突然深海处发出隆隆巨响，海水卷起巨浪，向海滩扑来。一个在沙滩上玩耍的孩子发现后，高喊："海啸来了，大家快跑啊！"身边的人们爬起来，赶快朝安全处跑，成功逃生。但许多人没有警觉，仍然在沙滩上休息，被突然而来的海水淹没，失去了宝贵的生命。

发生海啸了！快跑！

错误做法

缺乏海啸的知识，危险来临时没有警觉。

正确做法

Ⓐ 认识海啸。海啸会爆发巨浪，其波长数十至数百千米，一般为 2 ~ 40 分钟，波高最大时，可以达到 30 米，可以把巨大的轮船瞬间吞灭。海啸的破坏力非常大，平时很平静的海面，会突

然的狂风大作，波涛汹涌，巨浪高达数十米，冲击力达几百万吨。可以在几分钟之内把超级巨轮掀翻，把岸边的楼房及其他建筑设施冲毁。

Ⓑ 要有预见性。海啸发生前一般会有许多征兆的。如海水逐渐上升，海水浑浊，散发出异味和异常的声音。海底翻滚沙子，一些鱼虾蟹行为异常等等。发现不正常的情况后，要及早准备，及早撤离。

Ⓒ 反应迅速，刻不容缓。看到海啸发生时，不能呆若木鸡。如果在船上，要立刻向岸上划。上岸后，要立刻向远离海边的安全地点跑，远离建筑物，远离高大的铁架子、广告牌子、汽车、油库等危险地点。为了减轻体重，可以把随身携带的物品扔掉，不能拖累自己。要听指挥，按照顺序跑，不能与人拥挤，以免发生踩踏事件。

Ⓓ 勇敢搏击。一旦被海啸卷入水里，要沉着冷静，勇敢顽强地与之抗击。深呼一口气憋住，保持平稳姿势。不能慌乱，尽力控制好自己的身体，更不能主观放弃生存。能多坚持一秒钟，就坚持一秒钟，有时一秒钟也能出现奇迹。

备忘录

在求生过程中，要注意脚下、头上的安全，不能被飞来的物品砸伤。更不能被骚乱的人群拥倒。

51.遭遇洪水袭击怎么办？

真实事件（被无情的洪水卷走）

20世纪80年代，我国南方发生了罕见的洪水，农民王老汉与赵老汉在砖窑干活儿。突然洪水滚滚而来，王老汉吓得钻进废弃的砖窑里，躲藏起来。赵老汉用尽全力向烟囱上爬，结果洪水呼啸着把砖窑淹没了，只露出烟囱。王老汉被淹死了，赵老汉站在烟囱上，逃过了一劫。

错误做法

在洪水多发季节没有防洪准备。

正确做法

洪水是无情的，其破坏力相当大，能把房屋、桥梁、道路冲毁，能把几十厘米粗的大树冲倒，能把人卷走。因此，我们不能忽视洪水的破坏力，要很好地掌握预防洪水的知识。

Ⓐ洪水来了，迅速占领制高点，立刻向高处跑。如，山坡上，结

实、高大的建筑物上，水塔上。跑的过程中，如果看到有救生圈、长短合适的木头、木板、竹子、汽车内胎等物品，应该迅速抓到手，以备万一，因为高处也可能被洪水淹没。

Ⓑ 寻找简易救生器材。洪水的速度很快，冲击力巨大，有时不容你跑向高处。此时千万不能躲在房间里听天由命，因为房子进水后，会发生坍塌，危险性更大。及时寻找救生器材，或找一个较大的木板，或上房顶等待救援。如果附近有树的话，还可以爬上树。必须跳入水中漂流时，应该寻找一些可以用作简易救生器材的物品，最好是废弃的木船、汽车内胎、门板、桌椅等，最好不要空手下水。

Ⓒ 正确地漂流。在水中漂流，要紧紧抓住简易的救生器材，并注意观察水流方向、速度，发现大石头、锋利的钢钎、树枝子等危险物，应该提前调整方向，不能随水流冲上去，以防止发生意外碰伤。有的人在汹涌的水中害怕，只顾抱着简易求生器材漂流，根本不敢睁眼观察，这是极其危险的。还有的人胆小，在漂流中总是死死地抱住其他人，或者人与人之间相互抱在一起，这也是极其危险的方法，很可能发生共同死亡的严重问题。

備忘录

注意预防，洪水到来前是有许多征兆的，如动物反常、水井异常、昆虫异常、天气异常等等，要学会观察，善于总结，提早防范。

52.遇到邪教组织纠缠时怎么办?

真实事件(被威胁会遭五雷轰顶)

　　放学的路上,一个中年女性神秘地给了董刚一本宣传册子。董刚接过来一看,里面全是迷信的东西。什么有病以后,只要念口诀就不用看病了;什么每天念一遍口诀,就能消灾避难了;什么每天专心练功就能提高心性了等等。董刚半信半疑,没有理睬。第二天,他又见到中年妇女,对方问他念口诀了吗?他摇头说没有。中年妇女威胁说,如果不念口诀的话,就会遭五雷轰顶,全家有血光之灾。受到中年妇女的恐吓后,董刚心事重重,晚上失眠,精神委靡不振,学习成绩严重下降。后来警察抓获了这个带有犯罪性质的组织,他们坑害了很多善良的人。

回家一定要按书上说的念口诀,不念的话就会五雷轰顶……

错误做法

Ⓐ受到邪教组织骚扰后,没有及时告诉老师或报告警察。

Ⓑ心理压力大,没有向家长说明真实情况。

Ⓒ意志不坚定,对迷信宣传半信半疑,以至出现严重的心理负担,干扰了学习与生活。

正确做法

Ⓐ 不听、不信，不理睬，与邪教组织保持距离。对邪教组织的欺骗宣传，坚决不予理睬。"宣传品"当时就退还给中年妇女。如果无法退回，一定不要看，立刻交给老师处理。

Ⓑ 报警。当自己受到威胁时，不要保持沉默，可以报告民警，以避免更多的人受害。

Ⓒ 加强学习，自觉抵制各种诱惑。平时要多学习科技文化知识，提高分析问题，明辨是非的能力，坚持唯物主义观点，自觉地和封建迷信作斗争。

Ⓓ 及时与家长沟通。受到邪教组织的干扰后，必须尽快告诉家长，把内心的苦闷、担心及时倾诉出来，在家长的帮助下解除困扰。

你该怎么办？

备忘录

对邪教宣传，要坚决做到不听、不信、不参与、不受干扰、不传播，做一个积极向上，乐观豁达之人。

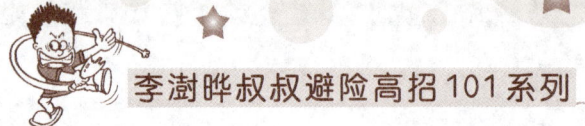

53.遇到鸟巢怎么办？

真实事件（一米长的蛇窜出来，从此人就变了）

申乐乐最喜欢到郊外游玩。今天，她与妈妈一起到郊外果园摘苹果。苹果园的工人告诉她外面是野地，情况复杂，千万不要出果园。可她摘了一会儿，觉得没有什么意思了，就悄悄地出了苹果园。在附近的一处杂草堆里，她意外发现了一个鸟巢，惊喜万分，伸手就去掏鸟蛋。突然，一条一米长的蛇窜出来，咬了她一口后消失在

杂草里。她顿时吓得目瞪口呆，全身哆嗦，扑通一声瘫倒在地上，昏迷过去了。妈妈发现情况不对，马上赶来，发现乐乐被蛇咬了，立刻开车去了医院。医生紧急处理后，说不是毒蛇咬伤，没有危险。可是乐乐却发生了变化，不敢一个人在家，不敢一个人上卫生间，不敢一个人出门，稍微有一点风吹草动就情绪异常，学习成绩一落千丈。妈妈感到特别苦恼。

错误做法

Ⓐ 没有听果园管理人员的话，擅自外出。

Ⓑ 安全意识淡薄，盲目掏鸟巢。

Ⓒ 出事后，没有对心理状态进行自我调节。

正确做法

Ⓐ 在野外，对地形不熟悉的情况下，一定要按照管理人员的要求，不擅自活动。离开时要告诉大人。

Ⓑ 谨慎行动。在外面会遇到很多好看的、好玩的东西，不要轻易地去抓拿，背后也许藏着杀机呢。鸟巢里的情况复杂，很可能藏着老鼠、刺猬、黄鼠狼、蝙蝠、蛇、壁虎、蝎子等，万一让你碰上，不发生意外的话，也会吓你一跳。

Ⓒ 寻求帮助。如果感到特别好奇，可以告诉妈妈，或者向当地的管理人员请教，仔细了解情况，弄清事情的来龙去脉，揭开秘密就是了。不一定非要亲自抓拿，以防止发生不测。

Ⓓ 提高心理素质。经历了一次惊吓以后，要勇敢起来，自信自己经历过危险，胆子大了，什么也不害怕了。要不断地鼓励自己，相信人是最勇敢和有智慧的。

你该怎么办？

备忘录

发现鸟巢以后，要主动保护，不要伤害鸟及鸟蛋；如果觉得不安全，可以通知动物保护单位把鸟巢与鸟蛋保护起来，千万不能擅自搬动。

校 园 安 全

54.发生意外，同学们拥挤怎么办？

真实事件（被后面的人踩倒在地上）

　　某学校下午开大会，由于下学时间晚了，同学们都很着急。散会了，学生们蜂拥而出，把楼道挤得满满的。突然，学校外一个推土机开过，把楼道震得颤动起来。杨西同学大喊了一声"地震了"。话音未落，同学们开始乱了，拼命朝楼下跑。前面的人被后面的人推倒，后面的人踩在倒在地上的同学身上，造成5名同学受伤。幸亏老师及时制止了学生的拥挤，把受伤学生送进医院抢救。为这次踩踏事故，杨西同学受到学校的严厉批评。

你该怎么办？

 **错误做法**

Ⓐ 下课以后没有按照秩序下楼，互不相让，造成拥挤。

Ⓑ 个别同学搞"恶作剧"，导致骚乱，发生踩踏事故。

Ⓒ 遇事紧张，不能保持情绪稳定和良好的秩序。

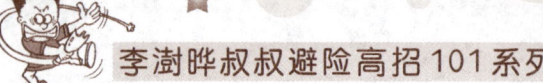

YES! 正确做法

Ⓐ 养成良好的行为规范。上下课走在楼道里，不能连跑带颠。走路要稳重，要有礼貌，知道谦让别人。

Ⓑ 不能搞"恶作剧"。在人多的时候，绝对不能搞"恶作剧"，以地震、爆炸、着火等词语吓唬同学们，制造紧张空气，引发拥挤、踩踏事件。

Ⓒ 机敏行事，加强保护。一旦出现拥挤情况，要及时制止同学们的骚乱。实在无法制止，要迅速告诉老师来处理。如果自己被卷入其中，就要立刻靠边站立，抓住牢固的东西，尽量保持身体平衡，防止被同学挤倒。万一被同学挤倒在地，不能慌乱，更不能只知道哭，要立刻以"龟缩"姿势，双手保护好头与腹部，把伤害减少到最低限度。

备忘录

当发现同学拥挤在某个地方时，要及早躲避，不要再去凑热闹，有可能的话帮助老师进行疏导。

55.打扫教室卫生时同学们闹着玩怎么办?

真实事件(受到惊吓后,突然踩空)

星期五下午,学校开展大扫除。同学们都在劳动,大力同学却犯了自由主义。他看到女同学丽丽在窗台上擦玻璃,就模仿电视中的一个镜头,拿着一个毛毛虫吓唬丽丽。丽丽很害怕毛毛虫,受到惊吓后,没有注意脚下,突然踩空,身体失去平衡,从几米高的窗户上摔下去,造成了胳膊骨折,受了很大的痛苦,影响了日后的学习和生活。大力同学也因此受到了学校的严厉批评。

哇!

你该怎么办?

错误做法

Ⓐ 没有组织纪律性,在同学们劳动时,搞"恶作剧"。

Ⓑ 头脑简单,没有考虑吓唬同学的严重后果。

Ⓒ 受到惊吓后,不能冷静下来,没有抓牢窗户框。

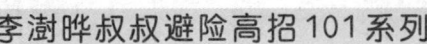

正确做法

Ⓐ 保持警惕性。打扫教室卫生时，要注意安全，集中精力，不与同学打闹、说笑。干危险的活时，如踩在凳子上，站在窗台上等，要注意保护好自己；如果感到不安全，可以让同学帮助，保护自己的身体平衡。不能硬干，更不能蛮干。

Ⓑ 自觉遵守学校的规定。要认真劳动，不与同学开玩笑，也不能故意吓唬同学。远离电器与电源，不能用湿手、湿抹布接触电器。

Ⓒ 注意防护身体。抬沉重东西时，要注意科学、平稳用力，防止用力过猛，造成腰椎、关节受伤。

Ⓓ 保持镇静。一旦遇到同学的突然惊吓，如果自己处在危险的地点，绝对不能慌乱，一定要镇静，抓住牢固物体，控制好身体的平衡，不能失控。

备忘录

　　发现同学打闹，不但自己不参与，还应该劝告同学停止打闹。如果发现打闹升级，要尽快躲避，立刻告诉老师来处理。

56.运动会上发生意外怎么办？

真实事件（铅球砸在准备进场的同学脚上）

学校运动会上，学生赵刚参加铅球比赛。在裁判员还没有说开始，安全员也没有举旗子时，他就迫不及待地投了出去。铅球砸在一名准备进场的同学脚上，造成同学脚部骨折，影响了同学的学习与身心健康。

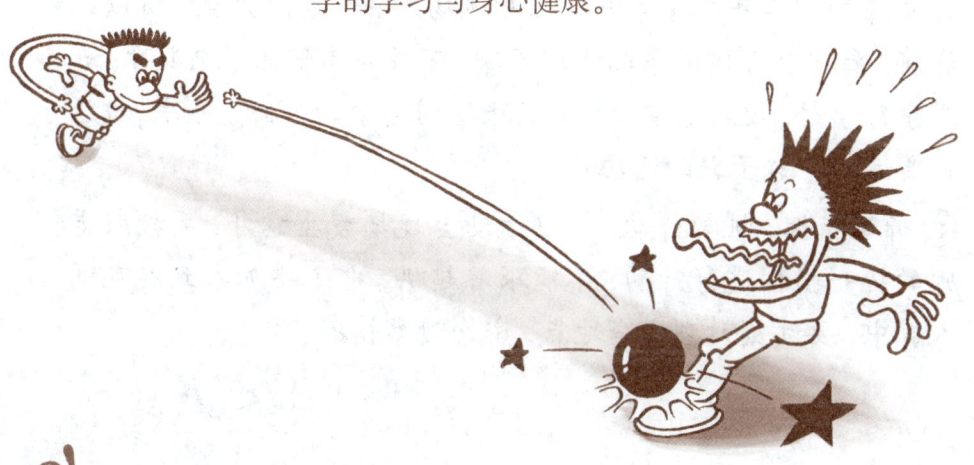

你该怎么办？

NO! 错误做法

Ⓐ 组织纪律性差，没有按照裁判员的规定投掷铅球。

Ⓑ 缺乏安全意识，投铅球前没有仔细观察环境。

YES! 正确做法

Ⓐ 加强安全观念，自觉约束自己的行为。有些同学没有安全观念，在运动会上，只顾自己的参赛项目；有的同学不按照裁判

员的要求做，不听从指挥，不按照规程办，特别是参加带有危险性的比赛项目（如投掷标枪、扔手榴弹、铁饼、铅球、跳高、跳远、跨栏等），我行我素，结果酿成大祸。所以，一定要听从指挥，看清安全员的信号以后，才能开始比赛。

Ⓑ 检查危险物品，确实保证安全。个别同学不听老师的话，在参加比赛时，不认真清理放在兜里的水果刀、锋利物品等，结果当意外发生时，造成了严重后果。有的同学在没有经过裁判员允许的前提下，擅自进入比赛现场，导致危险发生。所以比赛前，要把衣服内的东西清理干净，不要留有隐患。跑步时，如果穿钉子鞋，要注意安全，不能踩踏到同学的脚面。同时，自己也要远离穿钉子鞋的运动员。

Ⓒ 听从指挥，机智行动。一旦运动会现场发生意外，要按照老师的统一指挥进行行动，不能跟着起哄，也不要加入到混乱的人群中。要立刻站到安全地点，密切观察情况。

备忘录

　　运动会上人多，广播器材多，电线也多，现场比较乱。要自觉听从裁判员的指挥，自觉遵守现场纪律和比赛规定，不随意走动，不随意进入比赛现场。

57.学校施工现场很乱怎么办?

真实事件(为了一个足球, 险些被坠落钢筋砸到)

　　学校搞教室改建, 告诉同学们不要进入施工现场。一天, 学生朱铭踢足球, 不小心足球进入施工区里, 他觉得没有什么危险, 钻进遮拦网, 进入施工现场找足球。施工现场很乱, 到处是塔吊、钢筋、水泥搅拌车、电机和钢筋绞盘。朱铭看见"施工现场禁止活动"的标牌, 没有停下脚步, 硬着头皮继续寻找足球。没有走多远, 忽然听到有人冲他喊:"危险! 快闪开。"

朱铭一愣神的工夫, 一根1米长的钢筋从塔吊上直冲下来, 坠落到离他不到10厘米的脚下, 险些砸到他。看着脚下的钢筋, 朱铭真是后怕极了。

你该怎么办?

NO!

错误做法

Ⓐ 不遵守学校的规定, 擅自进入施工现场找足球; 看到警示牌, 也没有引起重视。

Ⓑ 不珍惜生命, 随便置身险境。

Ⓒ 反应速度慢, 不知道紧急避险。

😊 正确做法

Ⓐ 宁绕十步远，不走一步险。误闯进入建筑工地后，应该立刻停止前行，按照原路，安全地退回来，自觉地走安全的路段。

Ⓑ 遵守规定，珍惜生命。建筑工地一般都有"禁止进入"的警告牌。看到警告牌以后，要自觉遵守工地的规定，不能图自己方便，不考虑安全隐患。

Ⓒ 紧急求助。如果发现自己无法退出工地，方向也乱了，千万不能莽撞，到处乱跑很危险；要远离电器、电线、作业工程车和电气焊。应该找工地安全员帮忙，请安全员带你出去。也可以直接打"110"电话，请警察叔叔帮忙；还可以给家长打电话，让家长赶来帮你走出去。

Ⓓ 机智规避危险。如果发现危险已经来临，要冷静、机智、迅速，行动要快，方法要正确，不要犹豫不决，更不能坐以待毙，被动等待危险的降临。

备忘录

如果误入建筑工地，要迅速退出。不能为图省路，硬闯强行，放任自己的行为，更不能莽撞，乱摸、乱动工地东西，或者与安全员捉迷藏。

58.同学偷着玩危险玩具怎么办?

真实事件(会内疚一辈子)

　　某学校学生佳佳爱看电影与电视剧,喜欢里面的侠客。他平时特别喜欢玩枪。一次下学的路上,一个小贩向他兜售一种仿真手枪,"子弹"是自行车上的滚珠。第二天,他偷偷地把枪拿到学校,在同学们面前显示。还与几个同学模仿电视枪战片,在操场上玩起了警察抓逃犯的游戏。突然,佳佳手中的枪一走火,滚珠飞出,正好射入一个同学的眼睛里,造成同学眼睛失明。同学痛苦,他也会因此内疚一辈子。

你该怎么办?

错误做法

Ⓐ 受电影、电视中的侠客影响,买了具有杀伤力的玩具枪。

Ⓑ 不遵守学校管理规定,私自把具有杀伤力的枪带到学校。

Ⓒ 模仿电视、电影里的枪战场面,相互间打闹,进行危险的游戏,纪律性差。

YES!

😊 **正确做法**

Ⓐ 提高自觉性。在学校里，要自觉遵守规定，不私自带危险的玩具进学校。为防止发生意外的扎伤与射伤，学生应该自觉地抵制各种诱惑，不玩危险游戏，更不去充当英雄，随意模仿电视、电影中的"侠客"的行为；在同学面前绝对不逞能，任何时候都要把握动作的轻重程度。

Ⓑ 多开展健康文明的游戏活动。在活动之前，应该把可能发生的问题想到前面，游戏内容应该突出文明、知识、友爱与健康。

Ⓒ 善意劝告违规同学。发现同学私自带危险玩具进学校，要对他提出善意的劝告，立刻把危险玩具处理掉。如果同学不听你的意见，应该告诉老师。这是对同学负责，也是对自己和每个人的安全负责。

备忘录

现在一些不法商贩经常在学校周围、公园门前，私下兜售一些超性能的仿真玩具枪、刀子、飞镖、电棒、弹弓等等。其中的一些玩具，杀伤力较强，在数米的距离内，足能造成身体受到伤害。所以，同学要自觉抵制，敲响安全的警钟。

59.实验室里发生意外怎么办?

真实事件（眼睛受到了伤害）

化学实验课上，天生好动的壮壮不听老师课前提出的八点要求，没有按照老师讲的操作规程办事，在稀释浓硫酸时，自己擅自决定把水倒入浓硫酸里，想看个究竟。谁知水一遇到浓硫酸就发生了爆炸，酸液四处飞溅。他惊慌失措，乱喊乱叫，几滴液体进入了他的右眼，疼得他大叫一声，用手去揉。结果越揉越疼。他感到视力模糊，赶快去了医院。经过眼科医生治疗，还是没能保住他的右眼。右眼失明给他日后的生活带来了严重的影响。

你该怎么办？

NO! 错误做法

Ⓐ 把实验课老师的话当成耳旁风，没有对实验课的危险引起重视。

Ⓑ 发生意外后，没有有效地保护自己，减少伤害，而是惊慌失措。

Ⓒ 不懂得自救知识，急救方法错误。硫酸进入眼睛后，用手揉眼睛，造成伤害程度增大。

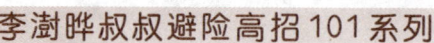

YES! 正确做法

Ⓐ 认识危险性，发生问题立刻报告。实验课存在着一定的危险性。实验室里有很多化学试剂、电子器材和电源接线板等等，人多、物品多，容易发生意外；必须严格按照操作规程做实验；一旦发生意外情况，立刻告诉老师，请老师处理。

Ⓑ 相信科学，按照客观规律办事，不能盲目去冒险。

Ⓒ 牢记老师的嘱咐与要求。老师是施教者，经验丰富，知道实验过程中的危险，知道什么可以做，什么不可以做。做实验前，老师会把安全注意事项告诉学生，并提出一些特殊的要求。学生要把老师的要求牢记在脑子里，严格遵照执行。

Ⓓ 遇事不慌。无论在实验中遇到什么危险（爆炸、触电、着火、意外伤害等等），都要保持镇静，过度的恐慌，只能增加危险的伤害程度。

Ⓔ 掌握科学的急救知识。平时要多掌握一些急救知识，如：烧伤处理、酸碱腐蚀处理、烫伤处理、触电急救等等，一旦发生类似的意外伤害，就要实施正确的急救。

备忘录

　　实验室里无小事，一定要按操作规程搞实验，不能好奇逞能，寻求刺激，出"花点子"，闹出不可收拾的严重后果。要预先把可能出现的情况想好，一旦意外突然发生，要正确进行救治。

60.喜欢在器械上玩花样怎么办?

真实事件（逞能付出了代价）

　　体育课上，同学们在老师的组织下进行鞍马跳跃练习，学生于力显得很活跃。练习分两组，老师在第一组教同学们跳跃要领，要求第二组同学作准备活动。于力在第二组。他平时爱活动，是个体育积极分子，爱在器械上玩花样。看到老师教第一组，他就等不及，迫不及待地来到鞍马前，想在同学们面前露一手。趁老师不注意，他飞身跃起，身体悬在空中，可是下落时，由于紧张，他双手没有撑住，身体失去平衡，脖子着地，重重地摔在地上，颈椎受到了严重的创伤。当时疼得他大汗直冒，挣扎着想起来，可就是站不起来。老师赶来发现问题严重，立刻叫了"120"急救车。医生经过紧急抢救，才使于力脱离危险。

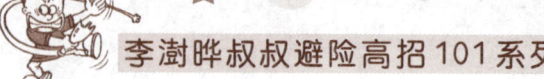

错误做法

Ⓐ 没有得到老师的允许,就擅自跳跃鞍马。

Ⓑ 没有认真地进行准备活动,四肢僵硬,导致事故发生。

Ⓒ 逞能心理严重,为了能在同学面前显示自己,忽视了安全。

Ⓓ 缺乏责任感,没考虑到事故会给家长、老师带来的痛苦,给家庭、学校带来的损失。

正确做法

Ⓐ 遵守纪律,按照老师的要求做。体育课人多,一定要听从老师的安排,不能在老师不注意的情况下,擅自做一些危险的动作。

Ⓑ 运动前充分作好准备活动。对身体进行预热是非常重要的。要使肌肉、关节、韧带全部活动开,以防止身体的意外伤害。

Ⓒ 掌握正确的训练要领。做器械练习,一定要按照要领,不能耍花样,更不要逞能做超极限的"酷"动作,以防发生意外。

Ⓓ 服从老师统一指挥。在体育课上,无论做什么器械,都要安全第一。如投掷、铁饼、标枪、推铅球、跨栏训练、跳高、跳远等,都要按照老师的要求做,不能乱来。

备忘录

在体育课上要时时注意安全。一是遵守课堂纪律,严格按照训练要求,不能一时逞能擅自行动;二是听从老师指挥,不"放单",与同学一起活动;三是注意力要集中,不能麻痹大意,避免意外事故发生。

61.校园突然发生暴力事件怎么办？

真实事件（被罪犯持刀追杀）

　　这天中午，学生们在学校吃午饭。突然，一个家长因孩子被打，找到学校。他拿出刀在操场上挥舞，点名要高年级的学生大海出来。还扬言说，如果不出来，就要炸掉学校。大海前几天欺负了一个低年级的同学，造成这样的局面。大海同学趁老师不注意，贸然出去承认错误。失去理智的家长拿刀楼上楼下追着大海，幸亏被老师拦住，急忙把大海拉进教室，关闭了门窗。老师及时拨打了"110"电话，警察迅速赶到学校，把失去理智的家长制服了。警察说，大海单独出去太冒失了。那家长正在气头上，后果不堪设想。

你该怎么办？

 错误做法

Ⓐ 欺负了小同学，没有及时向老师承认错误，导致严重后果。

Ⓑ 逞一时之勇敢，趁老师不注意，贸然走出教室见拿刀的家长。

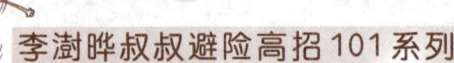

YES!

正确做法

Ⓐ 保持镇静，听从指挥。一旦发生突然的暴力事件，要保持冷静，不要慌乱，听从老师的指挥。不能行动，更不能自作主张采取措施。

Ⓑ 机智应对，确实保证人身安全。当发现闹事者手中有爆炸物品、燃烧物品、枪和刀时，如果当时老师不在场，面对力量悬殊的局面，要机智地面对突发情况，不能鲁莽行事。可以采取"攻心术"，感化罪犯；可以采取"缓兵之计"的办法，先稳住罪犯，伺机机智逃生。不能激化矛盾，更不能激怒闹事者。

Ⓒ 迅速报告老师。发现有人实施犯罪时，应该立刻机智地告诉老师，或者拨打"110"电话，请警察来处置。要记清楚犯罪嫌疑人的身体特征、交通工具等特点，以便事后为警察提供破案资料。

备忘录

平时遵守学校的各项规定，不在外面招惹是非；遇到突然的暴力事件，要保持理智，听从老师的统一指挥。

突然的暴力

62.遇到持刀抢劫的怎么办？

真实事件（路遇狂徒）

"抓坏人啊……"下学途中，学生石良听到一个女人在呼喊。他抬头看去，见一个凶恶的青年男子拿着锋利的刀，拎着女士包朝这边跑来。"拦住坏人，抓坏人……"被抢劫的女人呼喊着。背着书包的石良没有躲闪，迎着持刀抢劫犯就冲上去了。"站住！"石良的话还没有说完，持刀狂徒挥舞着刀，威胁说："快闪开，我要杀人了……""放下包我就闪开……"石良大声地说。抢劫者气急败坏，丧失理智，眼睛都急红了，出刀猛地刺向石良的心脏。石良的前胸被刺穿，差一点就伤了心脏。他倒退几步，怒目圆睁，昏倒在地。警察及时赶来，抓住了抢劫犯。同时呼叫"120"，医生立刻对其进行抢救，终于把他从死亡的边缘抢救回来。

错误做法

Ⓐ 迎面拦截持刀抢劫者，把身体正面全部暴露给抢劫者。

Ⓑ 在见义勇为的同时，没有采取有效的正当防卫措施。

正确做法

Ⓐ 见义勇为是对的，但同时也要保护自己的人身安全。看到持刀抢劫者，不能鲁莽，也不能逞能以生命去冒险。因为你的力气小，没有搏斗技能，等于白白牺牲自己。

Ⓑ 不要慌张，立刻报警。首先不惧怕，保持镇静，躲避在安全之处，立刻拨打"110"电话报警，把地点、时间、情况说清楚，请警察来处理。

Ⓒ 不暴露正面给持刀者。实在躲避不开时，千万不要以正面、背面对着持刀者，这样刀扎来后，就会伤害到很重要的器官。要侧身面对持刀者，这样能减少刺伤的可能性。一旦被刺着了，也只是非要害处，没有什么生命危险。

Ⓓ 合理保护自己。不要空手面对，要迅速把书包拿下来当武器，也可以把上衣脱下来舞动，还可以使用雨伞当武器，迷惑其眼睛，并伺机打掉对方的凶器。另外，可以抓地上的土、石子，扔向对方的面部，使对方眼睛遭受痛苦，借机会逃脱。如果对方抓住自己，要迅速抓牢对方握刀的手腕，不使刀扎过来。横扫一腿，把对方扫倒，抬腿用力向其胸口踏去，制服持刀者。

你该怎么办？

面对手持尖刀的罪犯，要保持镇静，脑子要清醒，机智灵活，保护生命安全最重要。千万不能蛮干，既要见义勇为，又要有效保护自己和他人的安全。

63.有人带着社会上的人上门打架怎么办?

真实事件(一怒之下,砍伤两人,谁之过呢?)

梁肩放学刚进家门,突然听到有几个人急促敲打防盗门,还破口大骂着许多难听的话。他听出是上午被他打了的同学王中。王中找了几个社会上的人来帮忙打架,准备把上午吃的亏找回来。骂声越来越大,梁肩被激出去,一阵乱砍,当场狱里,他才翻然悔悟,怒了,失去了理智,到厨房拿出菜刀冲了就砍伤两人,自己也因此进了监狱。在监但一切都太晚了。

NO!

 **错误做法**

Ⓐ 没有法制观念,为所欲为。

Ⓑ 不冷静,不知道以和平方式解决问题。

Ⓒ 上午打了同学,应该及时向同学道歉,没有及时把矛盾化解开。

😊 正确做法

Ⓐ 真诚面对，积极和解。与同学发生了矛盾，应本着解决问题的诚恳态度与同学及时交换意见；如打了同学，应主动向同学道歉，消除误会，增进友谊。

Ⓑ 遇到有人上门打架，应立刻拨打"110"，争取得到公正解决。要冷静对待，不能冲动。家长不在家，应该立刻拨打"110"，求助警察来依法解决问题。

Ⓒ 让家长回来帮助解决问题，调节双方的矛盾。为了不伤害和气，可以打电话叫家长回来，把对方的家长也叫来，认真坐在一起研究解决问题的办法。不能擅自做主，以极端的方式处理问题。

Ⓓ 当面承认错误，希望对方谅解。先不要开防盗门，可以在室内直接向同学承认自己的错误，真诚地向同学道歉。

Ⓔ 加强学习，当一名文明学生。平时与同学搞好关系，不能霸道，更不要欺负弱小同学。要珍惜同学之间的友谊，多帮助同学，少招惹是非，更不能动不动就打架、动凶器。

 备忘录

　　不管什么情况，都要克制自己，不能点火就着。要考虑后果，有法律观念，不能干出"一失足，成千古恨"的事情来。

64.发现有人尾随怎么办？

真实事件（怪异的青年人是怎么进来的？）

　　小区外的马路上，小鱼吃着冰激凌，把开门的钥匙挂在脖子上，背着书包往家走。忽然，她发现后面有一个青年男人，走走停停，以怪异的步态跟在自己后面。她赶紧进了小区，觉得安全了，再也没有理会步伐怪异的青年男人。她进了楼道，站在门前，刚一打开防盗门，忽然，被人猛力推进屋。她扭头一看，是那个怪异的青年男人。青年男人凶恶地绑住了小鱼，还把她家的6000元钱以及妈妈的首饰偷走了。

NO!

 **错误做法**

Ⓐ开门钥匙挂在脖子上，等于告诉坏人家里没有人。

Ⓑ发现有人尾随身后没有引起警觉，没有采取自我保护措施。

Ⓒ麻痹大意，认为进了小区就安全了。

Ⓓ开门前没有注意观察情况，缺乏安全保护经验。

YES! 正确做法

A 时刻警惕，谨防引狼入室。在外面绝对不能把钥匙挂在脖子上，更不能与陌生人随便讲话，泄露家庭隐私。

B 机智摆脱。千万不能大意，发现有可疑之人尾随时，要开动脑筋，不要惊慌。不要急着进单元门，可以到保安员面前说一下情况，请他们帮你摆脱可疑之人；可以到熟悉的爷爷、奶奶休闲的地方，告诉爷爷、奶奶们有可疑情况，请求帮助；也可以直接去居委会反映情况。另外，可以在小区的电话亭里，给家长打电话，等家长到来；如果派出所在小区，就去派出所反映情况。

C 谨慎开门。危险是在进了单元门，开自己家门的时候。进单元门后，要注意观察，看楼上楼下有无形迹可疑的陌生人，如果有，不能开门，要自然地退出，也可以敲邻居家门，说明情况，希望邻居帮助。发现有陌生人站在自己家门口，应赶快退出，立刻报告有关人员。

你该怎么办？

备忘录

行走在路上，遇到有人跟踪，要保持高度的警觉性，自我防卫意识要强；在脑子里要多问几个为什么？安全吗？怎么办？

65. 发现屋里进了坏人怎么办？

真实事件（楼道遇贼）

　　小华下学进了楼道门后，在上楼梯的过程中发现家门是虚开的。他想：爸爸、妈妈还没下班，怎么会有人呢？于是他大喊："谁开的门呢？是不是小偷啊，赶快出来。"声音还没有落，一个戴着墨镜的小伙子猛跑出来，一脚把他踢下楼梯，夺路而逃。小华还没有作出任何反应，就被踢得措手不及，当即摔下楼梯，疼痛难以忍受，怎么也站不起来了。

　　邻居们出来后，赶快送他去医院。但他的胳臂和小腿骨折了无法继续上学，只好休学半年接受治疗。

NO! **错误做法**

Ⓐ 太鲁莽，在楼梯上惊动了盗窃犯。

Ⓑ 正面暴露给盗窃犯，遭攻击的危险性增大。

Ⓒ 没有思想准备，反应速度太慢。

YES! 正确做法

Ⓐ 关门抓贼。发现有人进了家以后，千万不要在外面惊动盗窃者，可以轻轻地接近门口，猛地把门反锁上，而后高声呼喊抓坏人。邻居出来后，会帮助你抓住盗贼。

Ⓑ 可以悄悄地退回楼道外。立刻拨打"110"报警电话，等待警察叔叔的支援。等待时，要注意观察单元门口，有无可疑车辆，车牌号码是多少，有无陌生人从单元门出来，朝什么方向走了，长得什么模样，穿什么样的衣服，记得越仔细越有利于警察破案。

Ⓒ 随时准备反击。在门口附近与盗贼遭遇后，要注意保持安全距离，不要把正面暴露给对方，要采取侧面姿势实施反击。楼道里的拖把杆、扫把、凳子、砖头等全是防卫武器。同时大声呼喊，及时得到邻居的支援。

Ⓓ 不能硬顶。发现盗窃犯手中有凶器时，要机智灵活，确保生命安全。可以大声告诉对方放他走，先稳住对方，以不至于发生"你死我活"的搏斗为原则。接着，立刻把盗窃犯的身体特征、逃跑路线、逃跑时间报告警察。

你该怎么办？

备忘录

发现家里进了坏人，要沉着冷静。敢于斗争，善于斗争，机智灵活；要坚定信念，多用脑子，巧妙地战胜罪犯，为社会消除隐患。

66.遇到小偷的围攻怎么办?

真实事件（惨遭毒打）

　　下学后，小山背着书包路过农贸市场，突然发现一个小偷在偷专心买菜的老爷爷的钱包。小山大声地呼喊："抓小偷啊！有小偷……"喊声未完，六个染着黄头发的大男孩从四面八方跑过来，

故意找茬与他发
生身体碰撞。他与大男孩们
理论，对方借机把他打得鼻子流血，
门牙被打掉一颗，眼睛也肿得像大枣一样。

错误做法

Ⓐ 没有机智报警，而是大声呼喊，激怒了小偷的同伙。

Ⓑ 没有迅速逃脱，也没有进行有效的自我保护。

正确做法

Ⓐ 机智提醒。在小偷未得手时，可以紧走几步，和被偷的爷爷说话。比如说：老爷爷你们家来人了，我是你的邻居，奶奶让我给你送信，赶快回家吧。爷爷听了你的话，会警觉起来，小偷的阴谋也就不能得逞了。

Ⓑ 机智报案。记清楚小偷的特征，找一个安全隐蔽的地点，迅速向派出所警察叔叔报告。

Ⓒ 不纠缠，迅速离开。发现小偷的同伙围上来时，绝对不能与之纠缠，要立刻向人多的地方跑，可以向保安方向跑，也可以向市场管理处方向跑。

Ⓓ 巧妙防御。对方人多，要大声呼喊救命，引来路人的帮助；如果被围住了，最好背对着墙之类的东西，不能让小偷团伙袭击你背后。不得不自卫时，重点要还击第一个攻击你的人，猛击对方要害，将其打倒，其他人可能就被镇住，不敢动手了。要适时地采取躲避战术，使对方的拳打空，或者打在墙上而受伤。应采取半蹲姿势，保护好自己的面部和心脏等要害部位。

被小偷、流氓围住以后很危险，不能束手无策，坐以待毙；要机智周旋，能逃脱就坚决不恋战；注意保护好眼睛、心脏与腹部。

67. 被坏人劫持为人质怎么办？

真实事件（三次错过逃跑机会）

星期五下午，小惠从学校放学出来，赶着去少年宫上书法课。时间来不及了，她只好打车去。一辆没有顶灯的"出租车"开来，她没有仔细看，就钻进了"出租车"。行驶了一会，汽车猛地拐了方向，朝郊区方向驶去。她刚要大声喊停车，突然司机拿出一把匕首，恶狠狠地说："敢声张就扎死你。"看到匕首，小惠吓得哆嗦起来，什么话也不敢说了。路过一个收费站，车辆停了下来，收费人员就在眼前，她却没有敢开口喊。出租车过了收费站，一辆巡警车从旁边

经过，小惠还是没有喊，错过了最好的获救机会。最后，她被带到一个地窖里，无奈之中说出了家里的电话、地址，那"司机"向她家长进行勒索。六天后，家人在警察的帮助下找到了地窖，可是小惠的生命已经危在旦夕了。后来，人们查看地窖情况，发现地窖里有很多碎砖，完全可以搭建一个台阶爬出来。在"司机"离开地窖的时间里，她完全可以逃脱。

错误做法

Ⓐ 被绑架后不敢呼救，完全听绑架犯摆布。

Ⓑ 见到收费员和警车没有及时呼救，没有敲打车窗、车门报警。

Ⓒ 在地窖里坐以待毙，没有查看地形，机智逃脱。

正确做法

Ⓐ 被挟持后，要保持冷静，积极思考对策，不能被坏人吓住。仔细分析原因，明白坏人劫持自己的目的，做到心中有数；采取攻心战，与坏人交谈，争取使坏人分神，借机会逃跑。

Ⓑ 抓住一切求救的机会。逃跑的机会不多，但有时会突然出现。如果遇到警察、解放军等，要高声呼救，全力挣扎，甚至可以打碎汽车玻璃，使警察、解放军、武警叔叔等注意到你；如果遇到加油站、收费路口、铁路口或堵车时，要抓住机会，奋力呼救，争取逃生。

Ⓒ 该下手时就下手。感到自己已经没有呼救的机会了，可以冷静下来，看身上有没有自卫"武器"。趁坏人不注意，迅速发起攻击，而后立刻逃跑。

Ⓓ 绝对不放弃求生的信念。被劫持后，要坚定信念，寻找能帮助逃生的工具，想方设法向外面传递求救信号。如写纸条扔出去，故意弄响身上的东西，引来路人的注意等等。

你该怎么办？

备忘录

被坏人劫持，一定要胆大心细，始终保持清醒的头脑，不放过任何一次求救的机会。另外，也应该开动脑筋，自己创造逃跑的机会。

68.遇到高年级学生抢劫怎么办？

真实事件（铁钎子刺穿了肚子）

　　下午放学比较晚，史军与张文骑车往家走。路上看到农贸市场边有卖羊肉串的，他们就下车准备买羊肉串。张文掏出钱包，好家伙，里面有好几张百元钞票。史军说你怎么带这么多钱啊，张文炫耀地说，爸爸是老板，钱用不完。吃完了羊肉串，两人正要骑车走，早已坐在一边吃羊肉串的三个高年级学生站起来，拦截住他俩，把他俩拉到旁边无人的拐角处，恶狠狠地说来点钱花。张文坚决不给。几个大孩子上来就抓钱包，张文与史军拼命反抗。混乱中，几个大孩子用吃羊肉串的铁钎子向他们乱刺，张文被刺穿了肚子。大孩子们抢走了钱就跑了。

 **错误做法**

Ⓐ 放学不赶快回家，在混乱的市场边逗留。

Ⓑ 掏钱时炫耀，暴露了钱财。

Ⓒ 遇抢劫硬与对方拼命，没有机智逃脱。

 **正确做法**

Ⓐ 不在外面停留。放学后要及早回家，没有特殊事情，不要在路上买东西吃、玩闹、看热闹。

Ⓑ 不要乱讲话、暴露自己的底细。在外要特别小心，一句不经意的话可能会招来杀身之祸。家里的地址、钱财、家长的工作单位等等，都属个人隐私，不能轻易外露。另外，不要带很多的钱上学，以防止被人"惦记"上。

Ⓒ 不能轻易离开人多的地方。抢劫者不敢轻易在人多的地方下手，当被抢劫者推拉去僻静地方时，坚决不跟着走，这样就相对安全了。

Ⓓ 高声呼喊，召来群众解围。遇到抢劫，可以边自卫，边呼喊路人，争取得到群众的帮助，也可以想办法拨打110电话报警。

Ⓔ 机智灵活，生命最重要。对方很强悍，可以采取缓和的姿态，不要硬顶，尽量不发生直接的冲突。可以先把钱交给抢劫者，等脱身后报警。

你该怎么办？

备忘录

遇抢劫要保持冷静，机智地与抢劫者作斗争；积极依靠群众，迅速求助警察；关键时候，舍财保命也是上策。

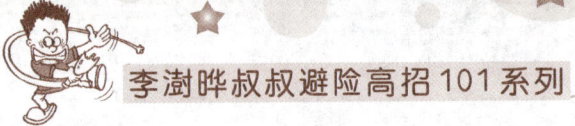
69. 遇到"色狼"怎么办?

真实事件(可惜! 近在咫尺的救命稻草都没敢抓)

黄昏时分,公园里没有什么人了,学生小玉还坐在假山上背英语单词。一个青年男子悄悄地朝她走来,突然从后面抱住她。一手捂住她的嘴,一手用力扒扯她的裙子。面对突如其来的情况,小玉吓傻了,任其摆布着。裙子刚被扒到一半时,一对情侣经过假山,青年男子恶狠狠地说:"不要讲话,否则就掐死你。"小玉吓得全身哆嗦,真的没有呼救。眼看着情侣从近在咫尺的地方走远了。青年男子一阵冷笑,恶狼般地强暴了小玉。从此,小玉变得沉默寡言,经常精神恍惚。

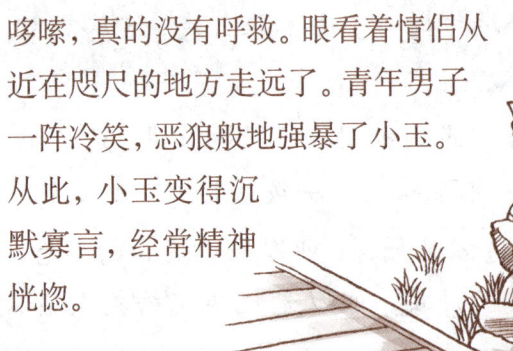

 **错误做法**

Ⓐ 一个人在僻静的公园假山上学习,忘记了时间。

Ⓑ 遇事惊慌失措,没有任何反抗。

Ⓒ 呼救的机会来了,没有勇敢地抓住。

YES! 😊 **正确做法**

Ⓐ 不能独自在僻静的地方久留。女孩子独自外出活动时间不要过长,不要在僻静的地方长时间停留,要掌握好时间,早出早回。

Ⓑ 正确、及时呼救。遇到"色狼"时，应保持镇静，发现路人经过，一定要大声呼喊，同时舞动书包等物品，不使其靠近你的身体，伺机逃跑，尽可能不与其纠缠在一起。

Ⓒ 机智应对，正确反击。如果被抱住，在呼喊的同时，用手指戳色狼的眼睛，借机逃跑；用脚踢色狼的裤裆部，使其痛不可忍；或用发胶喷色狼，用小水果刀子扎色狼，用鞋的跟部猛踩色狼的脚面，咬色狼的耳朵，总之想尽一切办法进行反击，争取逃脱。

Ⓓ 立刻报案，配合警察展开侦破工作。一旦被强暴后，千万不能爱面子，不敢报警。要及时告诉家长，并注意收集证据，勇敢地报案，把色狼的基本特征描述清楚，为侦破工作创造有利的条件。

Ⓔ 到医院进行检查。被污辱后，先不要着急清洗，这样不利于取证。要在家长的陪同下去医院检查治疗，写出伤情证明。同时在医生的指导下做好紧急避孕工作。

Ⓕ 安抚受伤的心灵。要振作起来，不能觉得自己被坏人强暴就低人一等了，更不能对生活失去信心。亲人、朋友、老师、同学是关心你的，你将来还有很长的路要走，有很美好的未来在前面等着你。应尽快摆脱阴影，重新开始生活。记住：遭坏人污辱并不是你的过错，你的生活道路还很长，要勇敢地面对。

 备忘录

　　遇到"色狼"，头脑要清醒，机智灵活地应对，巧妙地与"色狼"周旋，把保护生命安全放在第一位；任何时候都不能放过求救、反抗、逃跑的机会。

70. 遇到好朋友的突然攻击怎么办？

真实事件（"嫉妒小姐"的报复）

　　今天上午，丽霞刚刚被选上班长，心情特别好。晚上写作业时，她接到原班长彩云的电话，说是谈一下工作。彩云的嫉妒心极强，在班里是出名的"嫉妒小姐"。谁考试成绩超过她，谁的衣服穿得好看，她就特别不舒服，还扬言谁要背叛她就没有好果子吃。为了班里的工作，丽霞下楼来到小区的花园附近。彩云手里握着刀迎上

来，气势汹汹地说："你夺去了我的班长宝座，我杀了你。"丽霞以为是开玩笑，根本没有躲。"扑哧"一声，彩云手中的刀刺进了丽霞的肚子。丽霞这才清醒过来，踉跄了几步，失去了知觉。等她醒来时，已经在医院的抢救室里躺了两天两夜。

NO! 😞 错误做法

Ⓐ 麻痹大意，知道对方嫉妒心强，没有一点心理准备。

Ⓑ 晚上，独自一人外出，没有要求家长陪同。

Ⓒ 面对尖刀，没有警惕性，没有任何自卫行动。

正确做法

Ⓐ 婉言拒绝。晚上没有什么大的事情，女孩子不要单独去约见任何人。对别人的邀请要婉言谢绝，或者找个借口（睡觉了，家长病了需要照顾等等）推辞掉，等明天再说。

Ⓑ 告诉家长。晚上外出赴约，应该告诉家长，最好由家长陪同。谈完以后再一起回来。

Ⓒ 防范危险。对于有矛盾的同学、嫉妒心强烈的同学，对于曾经被自己伤害过的同学的邀请，更要谨慎，如必须单独相处，也要做好防范危险的心理准备。

Ⓓ 积极自卫。熟人对你实施暴力，危害你的人身安全，也要像面对一般的凶徒那样积极反抗，全力进行自卫。不要把正面身体暴露给对方，要迅速侧身逃跑；被纠缠住时，用书包、衣服、树枝、帽子等作武器，干扰对方的凶器，不使其刺伤自己。扭打起来时，要集中精力控制住对方的凶器，掰住对方握刀的手腕，把刀打掉。同时高声呼喊，引来路人的帮助。

你该怎么办？

"杀熟"是最险恶的一招，因为你与对方熟悉，防备之心就会自然消失，这是最致命的危险。所以要对嫉妒心强，或曾经被你伤害过的熟悉之人有所戒备，以防不测。

旅游安全

71. 不会利用太阳、月亮与星星判断方向怎么办？

真实事件（野狗围攻，险遭不测）

  1969年的夏天，初中学生小吴和小赵到林子里（家在北方）采蘑菇，意外发现了野兔子。两个人开始追野兔子，追着追着进了林子深处，不知不觉中就迷失了方向。两个人在林子里转悠了近6个小时，发现天色已经黑了，顿时紧张起来。望着四周黑压压的树木，看着天上冰冷的月亮与星星，听着若隐若现的野兽叫声，两个人吓得哭了起来。他们不会利用月亮与星星判断方向，盲目走了一夜，方向偏差了很多，

你该怎么办？

越走越远,林子越茂密。到了白天,看到太阳,他们仍然不会利用太阳判断方向,继续盲目行走。坚持到了傍晚,疲惫不堪时,遇到了一群野狗的围攻。危急时刻,两名解放军通信兵巡查线路,发现了他们,驱散了野狗,使两人转危为安。

 **错误做法**

Ⓐ 惊慌失措,盲目行走,没有考虑方向。

Ⓑ 没有掌握利用太阳、月亮与星星辨别方向的技能。

Ⓒ 发现林子越来越茂密,没有及时确定方向,不知道野外辨别方向对于生命的重要性。

YES! 正确做法

Ⓐ 掌握月亮与方向的关系。通常情况下,上弦月时,傍晚在南边;深夜,在西边。满月时,傍晚在东方;深夜在南方。下弦月,夜间在东方;清晨在南方。

Ⓑ 掌握星星与方向的关系。寻找北极星(勺子星)的方法:在勺端两颗星间隔的五倍处,有一颗较为明亮的星,这就是北极星;也可以在仙后星座(W星)的缺口方向,以中间那颗星为准向前延伸约两倍,在那里找到北极星。寻找南极星的方法:在南天极附近,有一个明显的南十字星座。它是由四颗明亮的星组成,形状像个"十",人们习惯地称它为十字架星。南十字星座的四颗星是南天极著名的一、二等亮星,在夜晚的天空显得

非常明亮，它们始终指示着正南方。它是夜间判断方向的另一主要依据。

© 掌握太阳与方向的关系。通常情况，早上6～8点的太阳在东方，或者偏南方；中午12点的太阳在南方，或者偏西方；下午6～7点的太阳在西方。

Ⓓ 利用手表与太阳判断方向。迷失方向后，利用机械手表和太阳，能比较准确地判断方向。具体方法是，把手表平放在手掌上，慢慢转动手表，将当时的时间减半后对准太阳，表盘刻度12指的方向就是北方。例如：当时的时间是16点，时间折半为8点。以表盘上的刻度8指向太阳，刻度盘上的12指的就是北方。为了能精确判断方向，通常是找来一根细直的树枝，竖立在时数折半的点上，慢慢转动手表，使树枝子影通过表盘中心。这时表盘中心与刻度盘12的延长方向即为北方。

你该怎么办？

 备忘录

　　牢记歌谣与民间谚语："北斗星亮晶晶，像个勺子空中挂，它是天空永恒的星。夜间看到了勺子星，舀粥、喝汤一直到北方"；"勺子星，指北星。断口处，朝前走，数5步，撞到正北星"；"日落西山，红似火"；"东方红，太阳升"；"南面的太阳火辣辣，掉你几斤肉，扒你一层皮"；"早晨太阳公公东边笑，中午太阳公公南边照，傍晚太阳公公西边藏"；"往西走，奔西山，抓住太阳不放手"等等。

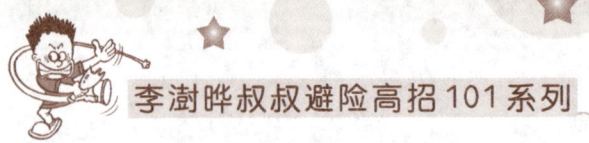

72.不会利用风、植被与建筑物判断方向怎么办?

真实事件(草原迷路,被困破庙)

　　放暑假了,学生阿尔乐泰回到大草原上的姥姥家。一天,他帮助舅舅去草原上放羊,突然一阵大风夹杂着沙尘吹来,把羊吹散了。他顺着羊爪子印,追赶了一天一夜,迷失了方向。没有食品,没有水,他硬是坚持行走了三天,最后进入一间破毁的庙宇里,躺倒在一堆青苔处,奄奄一息。幸亏一位牧民放牧经过这里,使他获救。

😞 错误做法

Ⓐ 在方向不确定的情况下，盲目行走。

Ⓑ 其实，"指南针"就在他身边，可惜他没有发现。

Ⓒ 看到刮风、庙宇、青苔后，也没有及时判断方向。

Ⓓ 到一地不注意调查研究，对当地的民间经验不熟悉。

YES!

😊 正确做法

Ⓐ 掌握风与方向的关系。风的方向与地球的四季有着直接的联系，明白了气候的变化规律，就能粗略地判断方向了。气象学认为，地球上季节的不同，风向也不一样。例如：冬季的风，多是西北风；夏季与秋季的风多是南风与东风等等。

Ⓑ 掌握建筑物与方向的关系。古代建筑学是很有学问的。古代老百姓盖房很讲究方位，不惜花高价钱请风水先生对方位进行考察，充分考虑阳光、取暖、采光、防水与通风问题，因此对门、窗朝向与灶口的开口问题十分讲究。人们把房屋、庙宇、塔等建筑比喻为地球上的固定指南针。人的生命是短暂的，可是建筑物却是永恒的，如埃及金字塔、我国的故宫等等，里面的奥妙很多，也很科学。一些古代建筑资料证实，我国广大地区的多数房屋、庙宇大都是坐北朝南，或者朝东南方。农家里的炊灶，其开口方向一般朝南、东，主要是害怕北风、西风大，把灶火吹灭。许多庙宇建筑物上的辟邪兽，方向都朝西南，或者东南。

你该怎么办？

151

ⓒ 掌握植被与方向的关系。实践证明，青苔、山坡、岩石、丘陵与凸凹地里的土壤情况与地球的方向有着许多联系。如：冬季的山坡，其浅表深0.5米左右的土质情况是：南方土质松软、潮湿与温暖适度，北方呈硬冻土层，并带有冰碴儿。岩石的底部生长着青苔藓，一面有，一面没有。有青苔藓的一面，指示的是北方；没有青苔藓的一面，指示的是南方。丘陵处的积雪，向阳光的一面（南方）融化得迅速；背阳的一面（北方）不容易融化。雨后的岩石，朝阳光的一面（南方）干得快，背阳光的一面（北方）干得慢。山坡的朝阳面（南方），植被生长得茂密；背阳光的一面（北方），植被生长得蔫萎。

ⓓ 积极主动学习他人的经验。侦察兵、植物学家、摄影家、昆虫爱好者、牧羊人、地质工作者、森林工人，善于利用风、植被与建筑物判断方向，他们在判断方向的问题上，都有独特的经验与知识，要虚心向他们学习。

备忘录

　　牢记歌谣与民间谚语："冬天到，北风来"；"冬三月里来，刮北风，刮得屋子冷呼呼"；"惊雷三月，东风来"；"东风吹，就插秧"；"庙门朝南，别烧错了香"；"灶王爷的口朝南"；"青苔爱北不爱南"；"南窗大，北窗小"；"南山坡上草茂密，北山坡上稀疏"；"冻土在北，松土在南"等等。

73. 不会利用动物与植物判断方向怎么办？

真实事件（无人区，险些葬身狼腹）

　　1973年的春天，两名初中学生自愿到西北农村学农。他们下长途汽车，徒步前往准备去的公社。忽然，一股大风带着黄沙吹了过来，遮住了人的眼睛。黄沙停止后，当时所在地域的方向也很难辨认了。两名初中学生靠在一棵大树上，不知道向什么方向走，急得哭了起来。他们抬头看着天空，举目无亲，只看到一队队大雁呈"人字形"飞过去，心中十分凄惨。最后，在没有确定方向的情况下，他们又贸然前进，进入了无人区，被野狼包围。正在野狼准备向他们发起攻击时，枪声响了起来，狼被吓跑了。原来是当地民兵奉命寻找他们，及时赶到了。

你该怎么办？

153

错误做法

Ⓐ 迷失方向后，没有仔细辨认，而是盲目行走。

Ⓑ 看到大雁后，没有进行联想。

Ⓑ 没有通过植物辨认方向的常识。

Ⓒ 发现进入无人区后，没有及时退回。

正确做法

Ⓐ 掌握动物与方向的关系。很多动物具有记忆方向的"特异功能"。一些动物的遗传基因里生来就带有方向感应密码，脑子里的特殊磁场定位物质非常神奇。例如：大雁长途跋涉飞行数万公里，竟能准确地到达目的地。经过训练的信鸽飞出去数千公里后，还能够丝毫不差地飞回来。大象行走数百公里，能够准确地找到水源。天鹅可以从数千公里以外的南方飞到北方。老马能够在几百里以外找回家。

Ⓑ 掌握植物与方向的关系。迷失方向后，千万不要着急，应冷静地观察与分析。只要看到植物，就会找到方向。植物无私的，它是不说话的指南针，会准确告诉我们延续生命的正确路线。一要善于观察植物的整体长势。一些植物有趋光性，对太阳光十分亲和与敏感，生长的总体趋势总是指向太阳。如：向日葵、芦苇等。二要善于看树的发育、营养、茂盛等情况，也能判断方向。仔细观察你会发现，一棵大树，其树冠并不是均匀对称的，往往是偏向一方。通常情况下，有光泽、发育旺盛的一边是南

方；整个树冠偏移中心线多的一面是南方。相反，发育状况差、植叶稀疏、整体树冠偏移中心线少的一边是北方。三要善于观察植物皮的光滑度。植物皮的状况如何与方向也有很多关系。如果仔细观察植物的皮，就会找到概略的方向。树皮光滑、匀称的一面大体是南方；树皮粗糙、暗淡、不均匀的一边是北方。四要善于观察植物的横断面，看植物的年轮。树也有年龄，它是通过年轮来记录自己的年龄的。古代的猎人迷失方向时，就会仔细观察倒下的大树的年轮，根据年轮间隔的大小来判断方向。经验证明，间距大的一边是南方，间距小的一边是北方。

你该怎么办？

 备忘录

牢记歌谣与民间谚语："喜鹊喳喳叫，好事就来到；出门头向东，回家头朝西"；"小蚂蚁没出息，天一冷就回家；门口朝着太阳开，偷来阳光把窝晒"；"黑心蝎子就是坏，洞口开的不一般；不敢晒太阳，喜欢朝北笑"；"冬天大雁朝南飞，春天大雁朝北飞"；"小刺猬真可爱，洞口秘密向着北，低头不敢把阳光见"；"蛐蛐常在南坡叫"；"蚯蚓常在北坡藏"等等。

74. 不会选择道路、计算时间怎么办？

真实事件（陷入吃人陷阱）

1972年的夏天，某学校组织学生搞学军拉练，当时有两条道路（A路线与B路线）可以到达预计行军目标。两个学生求胜心切，没有多考虑安全问题，也没有经过老师同意，为了赶时间，擅自选择了距离近的A路线。途中遇到了致命的吃人陷阱——"时令沼泽地"，两个人全部陷入其中，正当他们已经绝望的时候，营救他们的老师与同学找来，把他们救出"时令沼泽地"。

错误做法

Ⓐ 对道路不了解，没有考虑安全因素，擅自改变行军路线。

Ⓑ 求胜心切，缺乏野外行走的经验，没有自我保护能力。

Ⓒ 为了抢时间，没有预测危险，导致严重后果。

正确做法

Ⓐ 脑子要清醒，不能我行我素。在野外行走，道路的选择十分重要，稍微不慎，就会遭到惩罚。有句俗话是"条条大路通北京"，这句话是不假，但是路的情况十分复杂，有近与远、有平坦与崎岖、有陷阱与鲜花烂漫、有风驰电掣与平静如水、有豺狼当道与阳光大道、有毒虫阻挡与晴空万里等等。道路的选择

来不得半点马虎。在脑子里要经常思考，把各种不利的因素充分考虑进去，对于道路的近与远、艰苦与舒坦要综合分析。军事上讲"欲速则不达"，"冒进惹杀身"，话很经典，也很说明一个浅显的道理。不要只考虑道路的远近，还要确保安全。

Ⓑ 慎重考虑。选择行走道路要考虑以下三个方面。第一、最好选择平坦、干燥、坚硬的土路面，也可以选择有日光照射，杂草生长并不太茂密的地方行走。第二、最好远离崎岖不平的山谷、已经风化的峡谷中、发霉、潮湿、阴暗的地域，最好不要在杂草丛生，终日不见太阳的地域长时间走动。第三、最好绕行沼泽地、野兽经常出没的地域、蚊虫较多的地点和可能会发生泥石流的路段。

Ⓒ 科学计划时间。在野外行走，时间安排非常重要，安排得好，能又快又安全地到达目的地，安排得不好，可能会耽误行程或陷入险境。时间安排应讲究科学，讲究实际，应该在理智的基础上，做到合理与安全。一是从身体的角度考虑时间。避开太阳直射、高温、烈日炎热的时间段，以防止体力消耗过大，热平衡失调，发生中暑。二是回避野兽、毒虫的出没时间。生物学家认为，一些野兽与毒虫的活动是有时间规律的，在某一时间段，野兽与毒虫活动频繁，攻击力强，需要加以警惕。三是预想危险，注意天气与地形的变化。天气不好，如在有大雨、沙暴、雷电、泥石流、山体滑坡的时间段里行走的话，可能会造成意外伤害。

备忘录

　　牢记歌谣与民间谚语："宁绕三步远，不走一步险"；"危险地段，三思而后行"；"黄昏前后，野兽多多"；"不怕慢，就怕站"；"欲速则不达"；"雷雨时节莫外出，当心雷公把你冲"；"山路崎岖常观察，前后左右须留心"；"暑天中午不出门，当心中暑回不来"。

75. 不会保存体力、控制节奏怎么办？

真实事件（盲目奔跑，相继倒下）

上个世纪70年代，南美洲的一艘客轮不幸触礁，10名学生有幸游到了一个荒岛上。他们找遍了岛屿的每个角落，没有发现任何食品与淡水。情况十分严重，有5名学生精神高度紧张，冒着烈日，疯狂地在岛屿四周奔跑着，寻找着食物与救援船只。结果两天以后，他们相继死去了。原地不动的5名学生，坚信人们肯定会救援他们，于是待在原地。他们躲在岩石附近的洞里，顺便抓些小虾蟹吃，以保存体力。结果在第5天，终于等到了救援的船，成功获得了救助。

错误做法

Ⓐ 面对生存危机，高度紧张，丧失了基本的判断能力。

Ⓑ 恐怖感加剧，盲目奔跑，不知道危险在即。

Ⓒ 不掌握自我保护技能，缺乏生存技能。

YES! 正确做法

Ⓐ 分清轻重缓急，保存体力。当危险发生后，只要头脑还清醒，就要立刻分析危险的轻重缓急，如何使自己处于主动地位，并科学地确定应对的办法，积极寻找生存机会。有的人心理素质差，遇到问题冷静不下来，分不清缓急，作出的决定违反科学，违背客观实际，把本来不那么严重的事情，反而弄得严重了。

Ⓑ 镇定自若。千万要记住一个原则，无论发生什么危急的情况，只要保持冷静，就能科学地分析情势，趋利避害，把危险减少到最低限度。面对身边死亡的亲人，面对自己的伤情，要沉着镇静，化悲痛为力量，坚信自己能活下去。要知道如何保存自己的体力，空耗体力就等于自杀；知道盲目地行动会招致杀身之祸，知道在条件不具备时，喊破天也没有用的道理。

Ⓒ 有的时候，一动不如一静。那5个学生以静制动，等待救援，最终赢得了生命。但有时，"该出手时就出手"，不能消极等待。比如在荒岛上遇到路过的船只，就要尽一切可能发出信号。节奏的掌握，完全要视具体情况而定。

你该怎么办？

 备忘录

　　牢记歌谣与民间谚语："轻重缓急，保存体力"；"走得快的后到，走得慢的先到；快慢不在一时，而在长久，谁能坚持到最后，谁就会赢得胜利与希望"；"保存体力是成功的关键"；"不逞能，要知道自己能吃几碗干饭"；"当快则快，当慢则慢，乃高明之人"；"一步三看，平安老人在前面"。

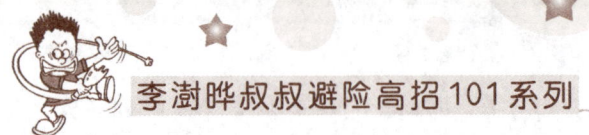
76. 必须在夜间行走怎么办?

真实事件 (被树枝扎伤了眼睛)

　　一天下午,喜欢照相的同学赵伟骑车去郊区拍摄农家小院,准备参加摄影展览。他总希望多拍摄几张超水平的相片,拍来拍去把时间给忘了,天黑了才急急忙忙往回赶。半路上他的自行车坏了,只好推着走。路过一片树林时,由于着急,他没有注意伸出来的树枝子,一下子被树枝扎伤了眼睛,导致右眼失明了。这次事故给他以后的生活带来了很多的不便。

错误做法

Ⓐ 粗心大意,没有计算好返回的时间,埋下了安全隐患。

Ⓑ 没有夜间行走的经验,贸然走夜路,导致危害发生。

正确做法

Ⓐ 走夜路要提高警惕。夜间行走的危险性大,困难多,必须格外小心。夜间比较黑暗,有时没有平坦的道路,加上草木多,杂乱无章,很难看清楚路面情况,稍微不注意,就容易发生扭伤、摔伤,甚至是骨折。走夜路,最好借助星光与月光,如果是在阴天,最好带一个大一些的手电筒照明,也可以自制"火把",但要注意防火。

Ⓑ 集中精力,掌握速度。夜间行走,由于人的生物钟被打乱,非常容易疲劳,造成意外事故。无论多么困乏,都要保持头脑清醒,集中精力。如果确实坚持不住了,应该休息一下,恢复体力后再走。行走的速度不须具体规定,以自己认为安全的速度为宜。

Ⓒ 注意保暖。昼夜温差大,夜间比较寒冷,因此应特别注意防止受凉。应该适当增减衣服,休息时注意保暖。

Ⓓ 防御危险。许多野兽、毒虫喜欢夜间出动,要保持高度警惕。可以手拿一根树棍子当防身武器,探察虚实,以保证安全。

备忘录

　　牢记歌谣与民间谚语:"星星为伍,浑身是胆";"月亮光下慢慢走,稳步前行似神仙";"亮则为水,暗则为地";"打草惊蛇,驱赶毒虫,安全为本";"迈步以实为先,谨慎抬脚在后";"耳朵仔细听,眼睛定睛看,双手护要害,双脚随时迈,鼓励在心中,安全伴你行";"行走不瞌睡,瞌睡不走路"。

77. 与家人失散了怎么办？

真实事件（着急找爷爷，被车撞了）

　　"五一"长假期间，学生小宝与爷爷到外地旅游。由于景区人多，在上缆车时，小宝找不到爷爷了，急得他四处乱跑。他来回走了20多公里的冤枉路，头顶炎炎烈日，身上没有钱，也没有喝一口水，体力消耗过大，结果他脑子开始迷糊了。在一个路口的拐弯处，他没有注意红灯，更没有看清楚疾驶而来的汽车，径直朝汽车走去，一下子就被撞昏了。爷爷闻讯赶来，祖孙俩在医院里度过了一个长假。

NO! 错误做法

Ⓐ 预先没有想到失散以后怎么办，预设寻找方案。

Ⓑ 盲目寻找，空耗体力。

Ⓒ 在复杂的路面上，忽视了交通安全。

Ⓓ 没有向有关人员提出求救的要求。

正确做法

Ⓐ 预先设想应对情况。出门前，可以预先商量一下失散以后的寻找方式，明确集中的地点，等待的时间，电话号码的确认等等，以便在亲人失散时，从容面对。

Ⓑ 就地等待，不要乱跑。一旦和家人失散，不要盲目寻找，两个活动的目标是最不容易相遇的，应在最后失散的地点，选择一个明显、安全的位置，耐心等待，留意观察就可以了。只要你固定坚守一处，亲人肯定会找来的。

Ⓒ 向警察求救。如果身上没有带钱也不用着急，求救电话是免费的。立刻打"110"求救电话，把失散的情况告诉警察叔叔，很快你就会得到帮助，与亲人见面。

Ⓓ 向景区管理者求救。可以找到景点管理处，主动向管理人员说明情况，希望人家帮助寻找失散的亲人。许多管理处都有广播找人的服务，通过这个办法可以顺利找到亲人。

Ⓔ 提高警惕，坚决不跟陌生人走。如果有陌生人热情地说能帮助你找到亲人，并且要求你跟他走，要坚决拒绝，坚持在原地不动。必要时，向周围的人群喊话，寻求帮助，安全就有保障了。

牢记歌谣与民间谚语："原地站着不要怕，妈妈一会儿就来找"；"莫要吓，莫要跑，警察叔叔马上到"；"打电话、高声叫、寻人广播帮你忙，亲人很快就知道"；"站在高处认真听，睁大眼睛仔细看，亲人就在人群中"。

163

78.渴极了，突然发现水怎么办？

真实事件（喝了水反而昏迷了）

　　1967年的夏天，6名学生参加"大串联"活动，进入北部戈壁地区。他们在戈壁滩上遇到了野狼，拼命逃跑，途中又遇到了沙暴。狂风大作，把6名学生刮得找不到方向了。他们在戈壁滩上徒步行走了6天6夜，水早已喝光了，可是他们根本没有意识到死神已经来临。由于没有水，面对炽热的太阳，学生们撕肝裂肺地痛哭着，期盼老天爷赶快下雨。可是老天爷没有发善心，滴水没有施舍下

来。同学们绝望了，挽扶在一起，坚持前进。连续地行走，使他们筋疲力尽，极度缺水，渴得嗓子眼儿"冒火"。突然，他们发现了一个直径为一米的水潭，也顾不上许多了，跑过去猛喝起来。不料，一

会儿的工夫，悲剧就发生了。疯狂饮水的他们，先后倒在水潭边，全身抽搐，痛苦地挣扎，最终相继倒下，昏迷在水潭边。等他们醒来后，发现自己躺在钻井队的帐篷里。原来是钻井队的工人救助了他们。钻井队员告诉他们，水潭里的水被污染，含有致命毒素，而在他们昏迷处的80米外，一个洼地里生长着几棵水气十足的仙人掌。仙人掌下面藏着秘密水源。6名学生不相信，用铁锹在仙人掌下挖了两米，就发现了能饮用的水。

错误做法

Ⓐ 在没有水源的情况下，盲目徒步行走，消耗体内水分。

Ⓑ 大哭，进一步加速了体内水分的流失。

Ⓒ 没有找水的技能，把生命交给了"老天爷"。

Ⓓ 对水源的情况不了解，见水就喝。

Ⓔ 没有安全保护经验和判断水是否有毒的方法，没有对水进行最基本的过滤处理。

正确做法

Ⓐ 加强学习，明白水对于人体生命的重要性。人体含水量约占体重的55～67%，儿童的含水量更高，可以达到70～80%。人体水分减少10%时，就会引起严重的疾病，如果减少20%，就会导致死亡。在血液中，80%是水；大量失水后，引起血压降低，造成各器官机能的功能下降，甚至丧失。如果没有水，人体的温度就无法调节。体内多余的热量无法蒸掉，造成体内各器官组织的温度升高，破坏各器官功能的正常发挥。

Ⓑ关键时候知道在什么地方能找到水，并判断水是否安全。不要紧张，可以看植物、观动物，善于从细小之处发现水。地球上的水资源十分丰富，一般来讲安全的饮用水要具备三条标准：一是水的外表要清澈透明，没有异常的气味与颜色；二是水中含有的化学物质对人体没有害处；三是水中不能含有病原体与致人生病的寄生虫卵。在外活动时，无论多么渴，发现水后也不能盲目地去喝。这里介绍一些侦察兵野外判断水是否有毒的简易方法。

——仔细观察水源周围情况。如果发现植物枯黄与枯萎，植物的根部颜色为黑褐色，气味腐败刺鼻，可能水有问题。

——善于对比。隐蔽在水域附近，看有无小动物、鸟、昆虫来喝水。如果有其它动物来喝水，证明水没有问题。如果其它动物不敢来喝水，或者绕着水域走，或者周围有死亡动物的尸体，说明水可能有问题。

——进行科学试验。对于拿不准的水，可以先取一些，然后找一些小的鱼、虾、蝌蚪等小动物，放入其中，观察小动物的反应。如果活动正常，说明水没有问题；如果活动异常，说明水有问题。

Ⓒ掌握基本的过滤技术。由于水在自然环境里流动，特别是地面的水，其来源比较复杂，有雨水、雪水、地下水，长期暴露在自然环境中，肯定会受到一些污染。如：空气中的灰尘，鸟的粪便，昆虫的尸体，大型动物的粪便，雨水里的病菌，土壤里的致病微生物，腐败的植被等等。有的被污染的水里含有病菌、病毒和寄生虫等，所以，要使水清洁起来，必须要消除水中的杂质和污浊之物。在外活动时，发现不干净的水，千万不能直接饮用，

要开动脑筋对水进行消毒、过滤与混凝。常用的方法有：

沉淀：就是把取到的浑浊之水静放在容器里，使水中悬浮物与杂质借助本身的重量逐渐下沉，使水清澈。

混凝：就是用混凝剂使混悬着的微细颗粒能够凝聚结絮，沉降于水底，达到水质洁净的目的。一般的混凝剂有明矾、三氯化铁、硫酸铁、硫酸亚铁；野外还有许多黏性较大的野生植物，如仙人掌、红楠、川桂、木棉树和榆树皮等。在外把取到的浑浊水，加入其中任意一种物质，会使小的颗粒积聚成花絮，花絮还能吸附一些微生物。随着花絮的重量增加，会逐步沉入水下，起到净化水的作用。

过滤：让水通过滤料（草木灰、土、沙子、木碳、煤渣、布类、树叶等），水中的杂质被截留在滤器内，使水变得澄清。

经过上述三种方法取得的水，虽然清澈透明了，但这种水仍然含有病源菌，是不能直接饮用的，必须进行煮沸消毒。

你该怎么办？

备忘录

发现水以后，不要因为渴就急于去喝。喝了有毒的水或不干净的水，有时会比口渴危害更大。记住，一定要喝安全清洁的水。

79.不会对水进行消毒怎么办？

真实事件（他差一点死在了妈妈的背上）

去年暑假，韩中同学与妈妈去旅游，在山顶上只顾看风景了，意外将身上携带的矿泉水瓶子掉下了山涧。没有了水，他渴得难受。妈妈说坚持一下，下山就可以买。下山前，他去山顶的一侧小便时，意外发现了一个天然水池子。水池子里有微生物在游动，他没有在意，以为太阳光中的紫外线能把水中的病菌杀死，就偷偷地喝了几口。在下山的中途，他突然发烧，痛苦地抽起风来，妈妈急得赶快背他去医院。途中他三次昏迷。到了医院后，在急救室里抢救了两天，才使他清醒过来。

 **错误做法**

Ⓐ 没有生存经验，看到水池子里有微生物没有警觉。

Ⓑ 喝野外天然水前，没有向妈妈说。

Ⓒ 错误地认为太阳光能杀死水中的病菌，不知道给水消毒的知识。

正确做法

Ⓐ 掌握对水消毒的一般知识。常用的消毒方法有物理法与化学法。化学法是向水里加化学药品如氯、碘或者高锰酸钾等。物理法是传统的自然煮沸消毒法。在外活动时，出现断水是意外情况，当时人的身上不一定带着化学制品，所以希望同学们重点掌握传统的物理煮沸法。

Ⓑ 物理煮沸消毒的操作要领。物理煮沸消毒技术，是一种最简单，又可靠，还实用的消毒方法。其方法是：用树枝架一个一米高的三角架，把加入水的容器吊放在架上，距离地面30厘米高，点起木柴烧，使水烧开。也可以用三个大石头（砖头）堆成三角形，把加入水的容器放在上面，下面烧火，直到水沸腾。开水能有效地杀灭细菌与致病微生物。如水温度达到70度时，6分钟就能杀灭肠道传染病致病菌；水温达到100度时，一般致病微生物便不能存在了。

备忘录

生活中，掌握一门消毒水的技术非常重要。需要注意的是，有些病菌与病毒需要长时间加热杀灭。因此煮沸的时间应当长一些，水沸腾后，要在10分钟以后撤火。在外用火时要注意防火，不能在山林禁火区点火。另外，对于已经消毒的水，要注意保护好，千万不能出现"二次"污染现象。

80.断水怎么办？

真实事件（一个投身大海，一个机智地活了下来）

  20世纪初，一艘客轮在孟加拉湾触礁沉没。侥幸逃生的两个15岁的学生托尼与加西亚奋力登上了附近的一个小岛。他们俩把小岛找遍了，也没有发现可以饮用的淡水。托尼绝望地看着茫茫大海，看着来回飞翔盘旋的鸟，精神崩溃了，从悬崖上跳下大海自杀了。加西亚没有气馁，在已经断水3天的情况下，拖着疲倦的身体，耐心地寻找着。终于，他找到了一群海鸟的栖息地，看到了很多的破

碎的鸟蛋，在海鸟巢穴的岩石缝隙里，他发现了一股小溪流。他急忙用嘴吸，果真吸到了生命之水，使生命得到了延续。最后，他成功地被经过的船只营救。

错误做法

Ⓐ 托尼意志不顽强，没有坚持到最后就主动放弃了生命。

Ⓑ 托尼没有找淡水的经验，不知道植物里、野果子里含有水，丧失了信心。

Ⓒ 托尼看到鸟没有联想到水。

正确做法

积极寻找。断水后，水源又一时找不到，不要紧张，可以积极寻找水的藏身之处，不能坐以待毙。要仿效古人与动物，永不放弃找水的决心。其实只要善于想，仔细观察周围的环境，把一些自然的事物联系在一起，很快就会发现水的踪迹的。许多有经验的放牧人、地质勘探队员、采药人、侦察兵等很有找水经验，这里介绍几种：

Ⓐ 根据动物的活动规律，寻找水的踪迹。民间流传着一些谚语，让我们一起来听听，兴许有些启示："蚂蚁好，蚂蚁好，洞穴下面有水找。向下找，向下找，肯定能把水找着"；"青蛙叫，青蛙叫，叫的地方水来喝"；"蜻蜓集体飞啊飞，带着我们去见水"；"燕子落下来，野鸭低飞去，附近水源好充足"；"冬天遇到冬眠的蛇与蛙，地下多半有水喝"；"路上遇王八，不远要有

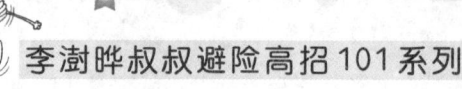

水"；"见到野牛、野羊、野马、野驴群，寻着足迹就遇水"。

Ⓑ 根据气候及地表变化情况，判断水存在的地域。有经验的农民非常有眼力，他们可以在荒郊野外根据一些独特的情况判断出水域地点。也有一些谚语，供参考："气死炎热的日头，此地就是晒不干，下面很快就会发现水"；"春季早解冻，地下水在帮忙"；"秋季常见有白霜，浅表层内水汪汪"；"冬季雪落易融化，地下水在说话"；"清晨远望，小小区域有雾升腾，地下水龙在作怪"；"两山夹一嘴，中间必有水"；"山像螺盘旋，山脚能挖泉"。

Ⓒ 根据植物判断。俗话说："植物生长离不开水。"野外发现了植物，就可能发现了水。关于植物与水的谚语也很多，这里介绍几个："马兰、沙柳、狼尾草，跟着你们找，不信找不着"；"芦苇好，芦苇好，芦苇成群喝得饱"；"远望草地一条浓绿的龙，地下一条水龙跟着跑"；"山谷竹林地，夜半水声来"；"沙漠里的仙人掌，水的报使者"；"热带里芭蕉树，水声绵绵，令人笑开颜"；"抬头看椰子，低头就见水"；"山上绿苔藓，下面水长流"。

备忘录

很多植物、野果子、菌类都含有水分，只要仔细寻找，坚持不懈，一定会获得适量的生命之水。应该相信自己的智慧，更要坚信自己能够找到水，多一点希望，就多一些生命的延续。

81. 已经脱水到了生命的边缘时怎么办?

真实事件（生与死，由3分钟前喝尿没喝尿决定）

　　中亚某国的中学生沙比尔是摄影爱好者，喜欢拍摄野生动物。2001年7月，沙比尔独自一人深入边境无人区，开始拍摄野生的羊、驴、鸟等动物。一天，他正在拍照，突然遇到一阵狂沙暴，黄沙遮天蔽日，把他埋在沙子里。等风沙平静下来后，不祥的预感笼罩在他的心头。他挣扎着，奋力拱出了沙窝。四处一看，全是茫茫的沙丘，食品、器材和水都没了踪影。死亡与恐惧使他对生命产生了从来没有过的眷恋：我要活着，为了我喜爱的摄影事业，为了野生动物的生存……他不断地暗示着自己。他在沙漠里，头顶着烈日，走了一天半，没有进一滴水、进一粒粮，周围到处都是干裂的沙漠与戈壁。他的嘴唇干裂了，嗓子干得快冒烟了，皮肤红肿了，身体极度虚弱，尿出的尿液发黄。第三天，他感到生命到了尽头，发生严重的脱水，昏迷过去，永远留在了那里。其实，就在他刚刚咽气后的3分钟，一

个放牧人催马赶来，赶快给他水，但是他已经无法张嘴了。放牧人叹息地说："仅3分钟，如果沙比尔知道喝尿能延长生命的话，也许他的生命就会多坚持一些时间，就能喝上我送来的水。"

NO! 错误做法

Ⓐ 没有保管好赖以维持生命的水与食品。

Ⓑ 盲目行走，麻痹大意，没有做遮阳帽，消耗体内水分。

Ⓒ 在阳光下被迫行走，大量消耗了体内的水；没有意识到关键时刻喝尿能延续生命的时间。

Ⓓ 没有生存经验，不知道在沙漠行走，保持每一滴水分的重要性。

YES! 正确做法

Ⓐ 知道喝尿的重要意义。在外活动时，如果断水就会危及生命。如果脱水严重，到了生命的边缘，尿液也是十分珍贵的。有时靠喝尿坚持几分钟、几秒钟，救援人员赶到，你就活了下来。

Ⓑ 明白珍惜水的重要性。医学实验证明，在炽热的阳光下行走，戴遮阳帽的人比不戴遮阳帽的人水分损失减少60%。人体每天要排出尿液1500毫升，皮肤蒸发500毫升，呼吸与粪便带走500毫升；需要补充2000～2500毫升，因此在野外要密切关注水。在极度缺少水的野外，应该学会吝惜身体内的每一个水分子。

——把住呼吸关。实践证明，呼吸能带走人体内很多的水分。处在绝对断水的野外，应该十分清楚保存与收集呼出气体的重要性与正确性。别轻视这点微不足道的小事，关键时刻，

它的确能延续你的生命。侦察兵们收集呼吸之水的经验是，用手帕、衣服、布、毛巾将口、鼻轻轻包住，形成一个含水分子高的空气囊。把呼出废气里的水分保存好，吸气时再把含水分多的空气送进体内，以润滑口、鼻、咽喉、气管及肺部。

——把住行走关。行走耗费能量，人体通过皮肤会损失大量的水，以保证人体内的热交换平衡。通过实验，人在炽热的沙漠上行走，速度越快，体内的水分损失就越大，成正比例。要保证水分最低限度的经过皮肤蒸发，就要控制行走速度，做到步伐均匀，缓慢适当。

——把住时间关。夏天的沙漠与戈壁滩，尤其在中午，阳光火辣辣的，地表气温可以高达50多度。这时如果在野外行走，体内水分的损失会超过正常值的3 ~ 10倍。因此炎热的夏天，必须避开阳光充足的时间行走与外出。最好是白天休息，夜间行走。

——把住保护关。在外活动，不仅要学会保护自己，而且应该知道如何保护，怎样正确地去实施。必须在烈日下行动时，可以就地取材，如利用草、树叶子等物质，制造简单的遮阳帽、遮身服，戴在头上，穿在身上，使体内水分最大限度地保存下来。

你该怎么办？

 备忘录

正常新鲜的尿液清晰透明，人每昼夜的尿量为1000~1800毫升。根据检验，其实人的尿液里没有什么特殊的物质，几乎全是水。尿液呈弱酸、弱碱或中性，含有微量蛋白质和微量糖；还含有少量上皮细胞、白细胞和无机盐结晶。为了延续生命，把各种维持生命的物质都要保存好，微不足道的水分子包括尿液是生命延续的希望，千万不可以轻易扔掉。

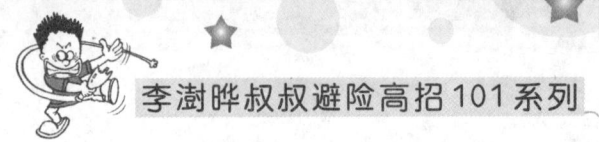

82.断粮了怎么办？

真实事件（不该发生的悲剧）

　　夏天，学生赵刚与马军到郊区去玩，意外看到了一个已经废弃的防空洞。恰好一只兔子钻进去了。在好奇心的驱使下，两个人钻进防空洞抓兔子。随着兔子的影子左拐右拐，一个小时过去了，兔子没有了影子，两个人已经迷路了，在防空洞里怎么也走不出来。夜幕降临了，两个人饿得肚子"呱呱"叫，叫天喊地，无人应声。由于长时间喊话，他们盲目跑动，体力消耗极大，体温下降，冷得浑身发抖。断粮3天后，赵刚与马军饿得昏迷过去了，最终抱在一起再也没有醒过来。第五天，当赵刚与马军的妈妈、爸爸闻讯发疯

似的赶来时，看到孩子冰冷的尸体，精神几乎崩溃。医生经过尸体解剖，发现他们的胃里全是空的，断定是饥饿导致的死亡。生存专家对防空洞的现场进行了全面勘察，叹息地摇摇头，连声说："不该发生这样的悲剧啊！"原来，专家在洞中发现了很多"应急食物"（露水、蚯蚓、蚂蚁、蜻蜓、蚂蚱、壁虎、野鸽子蛋、野菜等等），如果当时两个学生掌握了野外"食物"的知识的话，肯定能基本保证身体对水及食物的要求，坚持半个月都没有问题，根本不至于3天就死亡。

错误做法

Ⓐ 无节制地盲目跑动，东闯西撞，过大的体力消耗。

Ⓑ 不能就地取材，维持生命，等待救援。

正确做法

在野外常会发生断粮的情况。在这种情况下，就要学会找"粮"。

Ⓐ 寻找地上长的野菜（野草）。据统计，在全世界的范围内，可以食用的野菜（野草）品种多达500多种，分布在地球的各个区域。野菜（野草）的生长地点没有什么规律，到处可见，只要你留意，草丛里、河沟旁、灌木丛中、森林中、沼泽地里、山坡上、岩石缝隙里，都会有许多可供人食用的绿色野菜（野草）。过去闹饥荒时，许多人就是靠挖草根，采野菜，顽强地生存下来的。

B 寻找地下藏的昆虫。野外是各种昆虫、软体动物的天堂。自然界的昆虫可达数百种。这些昆虫、软体动物一年四季都可以找到，必要时是人类充足的营养素的来源。它们藏身的地点不固定，朽木的下面，石头背面，岩石缝隙里，土壤里等都有它们的身影。

C 寻找树上结的果子。世界上各种树木种类达数千种之多，可以让人直接食用的果实有数百种。当初原始人多以野果、树皮、树根、树叶为生，使人类得以生存和繁衍。必要时，我们也应学会找野果充饥。

D 向大海要食物。海洋中有大量的鱼虾、贝类和其他可吃的海产品。如果断粮的地方是在海边，只要学会了如何捕捞海中生物，就不愁挨饿了。

E 向江河要食物。江河、湖泊里的鱼虾、蟹、蚌、水草等食物同样丰富，只要你会捕捞它们。

F 学会捕捉小动物。人类有悠久的狩猎历史，而现代人应当有保护野生动物的观念，一般情况下不应当捕捉和食用野生动物。但在断粮的情况下，为了生存，也可以适当捕猎一些容易繁殖的、不致灭绝的小动物。比如鼠类、野兔、野鸟、野鸡、野蛇、刺猬、青蛙等等。

备忘录

野生动物和野菜、野果有的有毒，吃之前要认真识别，避免中毒。另外，烹煮野生动物的时间不要太短，最好应该在30分钟左右。餐具应尽可能消毒以后再用，手要洗净。不到万不得已时，最好不要生吃野生动植物。

83.不会挖掘野菜、摘野果、找蘑菇
怎么办？

真实事件（奇怪！母女坐在野菜上，竟然饿昏在"粮仓"旁）

于娜随妈妈去南方的姥姥家，南方的山水太美了，让她非常开心。一天，她与妈妈到深山看原始风景，突然一阵暴雨袭来，山体滑坡，碎石头把唯一的返家道路堵了。于娜和妈妈着急了，恐慌起来，盲目地向深山走，准备再找一条路返回。可是转了

6个小时，累得全身像散架一样，也没有找到迂回之路。当天晚上，于娜与妈妈就把仅有的水和饼干吃了个精光。第二天她们开始就饿肚子，坚持到了第四天，两个人实在饿得不行了，靠在一棵香椿树下，先后昏迷了。6天后，一位农民进山采药，发现已经处于极度昏迷的两个人，赶快进行救助，才使她们两个人得以生还。她们清醒后，农民指着草地与树说："你们城里人没有经验。看你们的屁股下面就是可以吃的野菜、蘑菇，背后的野香椿树叶子也可以吃，肯定能保证你们的生命安全。"听了采药人的话，于娜和妈妈后悔平时自己没有学一些野外生存知识。

 **错误做法**

Ⓐ 盲目向深山寻找路线，耗费了体力。

Ⓑ 没有科学分配食物，一次性将食物吃光。

Ⓒ 没有识别野生植物的基本知识。

 **正确做法**

Ⓐ 认识野菜、野果与树皮。野菜不仅能吃，而且营养丰富，含有大量的蛋白质、维生素、核黄素、脂肪、氨基酸、糖分、淀粉、矿物质（铁、钙、磷、锌、钠）、胡萝卜素和磷质。野菜中各元素含量的配比基本与人体需要相似，所以野外采摘野菜，对维护与延续人体生命，有着极其重要的意义。一些野菜还有较明显的药用价值，在野外缺衣少药的情况下，对于治疗某些疾病会

有出奇的效果。大自然里，生长着许多能够食用的木本植物，还有许多诱人的野果。山坡上、峡谷里、森林中、丛林边缘、荒野里到处可见。很多植物的皮、果、叶、根均能吃，是天然的粮仓。野果中的氨基酸种类齐全，人体所有必须的氨基酸均含有，易于人体直接吸收。我国可以食用的野生菌类、藻类也非常多，粗略统计为210多种。

Ⓑ 发现可食用的野菜、野果、树皮。在外断粮后，要学原始人那样挖掘野菜，寻找可食用的野果、树皮。通常情况下，野菜、野果、树皮分布在山坡上、沟壑旁、丛林中、灌木里、沼泽地里等等。此外山野荒郊，随处可见蘑菇。野生菌类口感好，味道鲜美，营养价值高。现代医学证实，许多野生菌类还有提高人体免疫能力的功能，其抗癌作用极其明显。但要注意，学会辨认毒蘑菇。

你该怎么办？

备忘录

常见的野菜有：马蹄草、七七菜、豆腐菜、苦苣菜、野苋、芦苇、人参果、苦地丁、水薄荷等含有大量淀粉、糖、维生素、粗纤维的植物；野外常见的能食用的野果与树皮有：山核桃、沙棘、板栗、榆树皮、香椿、角刺、黑醋栗、向日葵、竹笋、酸枣、山荆子、野生柿子、野蔷薇果、松子、榛子、香榧子等等；野外常见的能吃的蘑菇是：香菇、口蘑、猴头蘑、草菇等等，它们都是充饥的好食品，是大自然赋予人类的天然粮仓。

84. 不会识别"毒与非毒"怎么办？

真实事件（中毒了，怎么能怪甲鱼呢？）

前年夏天的一个上午，学生铁柱与高文到郊外河边钓鱼。他们意外钓上来一只甲鱼，高兴得手舞足蹈起来。钓上来的甲鱼被钩得疼痛难以忍受，剧烈挣扎了很长时间，最后死亡了。下午回到家，家长还没有下班，两个孩子就清炖甲鱼吃。谁知吃下没有多长时间，他们就开始发病、头痛，心跳加快，浑身无力，恶心、呕吐，最后连呼吸也困难了。他们挣扎着打电话向家长求救，家长立刻赶回家，发现两个人已经昏迷了。锅中还留有一半未吃完的甲鱼汤。赶快送他们去医院抢救，5小时后，两个孩子苏醒了。医生经过检查，确认为是组胺中毒，罪魁祸首是死甲鱼。爸爸气愤地把甲鱼汤泼掉，哭着说："都怪这毒甲鱼。"

错误做法

Ⓐ 私自外出，去河边钓鱼食。

Ⓑ 没有基本的生活常识，不了解死甲鱼的危害。

Ⓒ 在家长不在家的时候加工和误食甲鱼。

😊 正确做法

Ⓐ 掌握识别"毒与非毒"的本领。一些野菜、野果子及动物本身携带毒素，吃了以后，就会引发人体中毒，严重时还会危及生命。常见的有毒食物是：

——组胺中毒。组胺中毒是指因食用了含有大量的组胺的鱼类食品引起的类过敏食物中毒。根据实验，含组胺较高的有金枪鱼、沙丁鱼、死螃蟹、黄鳝、甲鱼等等。

——河豚鱼中毒。根据记载，河豚鱼体内的毒素强弱与鱼的大小没有关系，曾经有人误食了一条只有30克的小河豚鱼，导致中毒死亡。河豚鱼主要产于我国沿海及长江中下游一带。根据实验，0.5克毒素就会使人死亡。它的毒性比氰化钾大1000倍。

——甲状腺中毒。动物的甲状腺中毒，以猪甲状腺中毒为主，其次为牛、羊的甲状腺中毒。根据解剖学的研究发现，猪的甲状腺位于喉管与喉头的连接处的下方，分为左右两侧。宰杀时，如果没有去掉，误食后就会中毒。

——麻痹贝类中毒。海洋生物学家认为，一些贝类在接触有毒的藻类后，自身就被毒化。奇怪的是被毒化的贝类，自身不会中毒，外观没有任何异常的变化，但人食用了被毒化的贝类后，短短的数分钟可能就会发病。有些被毒化的贝类毒性非常强，耐高温。根据实验，石房蛤毒能在116度的高温下存活。

——四季豆中毒。四季豆中含有皂苷和红细胞凝集素，食用没有煮熟的四季豆后极易引发中毒。四季豆中毒的主要症状是：食用后大约在30分种即可发病，一般为胃难受、恶心、呕吐、腹泻、头疼、胸闷、出冷汗、心慌、四肢麻木等。

——毒蘑菇中毒。我国已经确认的毒蘑菇大约有105种，在春夏雨季生长最快。在野外断粮时，由于人们缺乏鉴别毒蘑菇的经验，常常把它采摘误食。

你该怎么办？

——银杏中毒。银杏,老百姓称它为白果,落叶乔木,在我国的南方常见,10月份结果子,是民间喜爱的一种野生食品。白果确实含有丰富的营养物质,还是中药材呢。但它也含有毒素,至今没有弄清楚毒素的成分。毒素主要侵害人的神经系统与肠胃黏膜。当地有经验的人知道它的毒性,在加工制作上很谨慎小心。没有经验的人,生食白果或者加工不科学,方法不当,食用后会造成人体中毒。

——毒蜂蜜中毒。野外的蜂蜜非常多,尤其在南方,是蜜蜂的天国。有的蜜蜂会因为植物少,采到有毒的花粉或分泌物,这样的蜜就有毒了。人一旦误食有毒蜂蜜后。不会马上发病,一般在5小时以后发病,具体症状是:恶心、呕吐、腹泻、唇舌麻木、发热、头昏、四肢麻木、全身无力、血便、尿频、尿血、心脏跳动加快;严重时还会出现心力衰竭和呼吸障碍,最后导致死亡。

——鲜黄花菜中毒。野生的鲜黄花菜中含有剧毒,其毒素叫秋水仙碱。实验数据显示,秋水仙碱的中毒量为 $0.1 \sim 0.2$ 毫克,致死量为 $20 \sim 30$ 毫克。致死速度快,可在7小时就可以致人死亡。

Ⓑ预防为主。要做到科学采摘,科学加工,科学食用;坚决不贪嘴,特别防止误食;提高警惕,严格高温消毒;不要抱着侥幸的心理去吃,以防止发生不测。任何时候,都要头脑冷静,对于自己拿不准的食物,盲目去吃,就可能中毒。

备忘录

野外,还有一些含有毒素的物质。如:含有氢氰酸的果仁、大麻籽、一些鱼和动物的肝脏等等。另外,一些动物的肾上腺中也含有毒素,肾上腺位于动物左右两个肾脏前端,误食后,短者15分钟,长者2小时就会引起中毒反应。

85. 在高原上活动应该怎么办？

真实事件（冒失跑动，滚落山沟）

    1945年的夏季，一名60多岁的地质学家带着两名学生在印度某高原地域采集岩石样本。突然遇到了风暴，迷了路，食物也丢失了。为了生存，他们只好就地寻找新路线和食物。一名学生心急，跑着四处找路线和食物，体力消耗很大。他全身大汗，感到呼吸急促，胸口憋气。但他还是继续坚持寻找路线和食物，慢慢地觉得氧气不够用了，双腿发软，精神不振，倒地嗜睡，昏迷在山沟的边沿。由于失去意识，来回翻滚时，不慎滚下了30多米的深沟，昏迷过去。多亏老师及时赶到，才使他得以生还。

你该怎么办？

NO! 错误做法

Ⓐ 没有高原生存经验，盲目跑动，使体力消耗过大。

Ⓑ 有了高原反应后，麻痹大意，没有及时休息，造成严重后果。

YES! 正确做法

Ⓐ 了解高原。通常海拔在3000米以上的高地和山地称为高原。高原环境的特点是：空气稀薄，含氧气量少，风沙多；春季开始解冻时期，大风容易形成沙尘暴，飞沙走石，昏天黑地；气象变化无常，昼夜温差大，冷暖不均，年平均最低气温在－18℃～－28℃，积雪比较深，有的雪终年不化；降水量少，水源缺乏，最少的地区年降水在20毫升以下；干燥且日照强烈。

Ⓑ 科学应对。高原的恶劣环境对人体的健康影响极大，容易使人发生疾病，需要注意以下几个问题。一是预防照射病。由于阳光中的紫外线照射地面的强度大，比平原大3倍以上。所以眼睛容易患上白内障和"雪盲症"。嘴唇常常干裂、鼻腔出血、皮肤皲裂。在缺少防护的情况下，会引起光照皮炎、脱皮、水疱。二是预防陷阱。高原的地形复杂，雪井、冰窟窿、猛兽非常多，活动时要千万小心。三是预防"高原病"。人在高原上活动，由于氧气含量低，长时间的氧气供应不足，可能会发生各种组织缺氧的疾病，简称"高原病"。急性"高原病"分为高原反应，高原昏迷，高原心脏病，高原血压异常和高原肺水肿等等。高原反应：有些在平原生活的人，进入高原后，会感到明显的不舒服症状。如：可能有心慌、心跳的感觉；逐渐出现头昏、头脑

沉重、耳鸣、失眠、浑身无力、关节酸痛等；还伴有腹痛、恶心、呕吐、消化不良等症状；有些体质敏感的人，全身或局部会出现浮肿。高原昏迷：有极少数的人由于平时缺少体育锻炼，身体素质差，或者是患了感冒等呼吸道疾病，对高原低氧引起的组织缺氧不能耐受，就会出现比较严重的疾病。如：有的人脑供氧不足后，颅内血管扩张，形成脑水肿。脑细胞受到压迫，中枢神经系统活动受到影响，出现精神不振，嗜睡，甚至昏迷。高原肺水肿：有的人由于组织缺氧，流经肺部的血液量过多，再加上部分小血管因缺氧而收缩以至阻塞，就会导致另一部分毛细血管极度扩张，以至破裂，血液渗透到肺泡中，而形成肺水肿。这种人会出现咳嗽、咳泡沫痰，有时还带血，甚至还会从鼻子里涌出来。高原肺水肿来势凶猛，要加以警惕，严重时会危及生命。

你该怎么办？

备忘录

　　在高原上活动，要注意休息，减少说话与活动量，避免感冒与其他呼吸道疾病。可以适当吸氧，吃一些提高组织细胞用氧能力的特殊药物。平时应该加强体育锻炼，提高心肺的适应能力。初期进入高原时，要采取阶梯适应法，由低海拔逐渐向高海拔过渡。注意保暖，避免做不必要的剧烈运动，以减少氧的消耗。注意饮食，不要过饱，更不要暴饮暴食，绝对不能喝酒、吸烟，可以适当补充维生素。

86.在沼泽地域活动应该怎么办?

真实事件(芦苇荡里的"黑色"杀手)

　　1973年的一个夏天,几个初中同学参加学农劳动,去沼泽地里割芦苇。他们在芦苇荡里发现了几只狐狸,拼命追赶,跑向了芦苇深处。跑的过程中,他们感到呼吸急促、胸闷、四肢发软,头发晕,先后被熏倒,陷入隐藏的黑泥潭里,生命垂危。多亏救援人员及时赶到,把他们救出险境。后来经过勘察,判断是沼泽地里,潮湿霉烂的难闻气味,带有毒性。这种气味就是沼泽地里腐败的动物、植物发出来的,俗称"瘴气"。

错误做法

Ⓐ 在危险的沼泽地里乱跑。

Ⓑ 麻痹大意,有了症状以后,没有马上停下来。

正确做法

Ⓐ 认识沼泽地。沼泽地里污泥与黑水多,很少有干燥的地方;有的地段植被茂密,灌木丛生;在一些低洼有水的地方,还生长着许多鱼、虾、蟹等,是天然的食物存储库;有的地方苔草遍地,一望无际,苔藓厚滑;有的地方蚊山虫海,十分恐怖;有的地方动物尸骨散地,腐败刺鼻。

Ⓑ 掌握应对技能，加强防护。在野外，要尽量避开沼泽地，必须要经过沼泽地域时，要注意以下几点：第一，注意防有毒气体。由于沼泽地中长年没有人烟，大量多年生长的植物枯萎，动物自然死亡，加上雨水、潮湿、空气不怎么流动、适宜的温度和各种霉菌的大量繁殖，造成腐败的物质沉积发酵，散发出许多有毒的气体。有毒气体在清晨与傍晚的浓度非常高，白天与有风的时间，含量低，所以行走时要避开有毒气体浓度高的时间段。由于有毒气体的比重比空气稍重，因此常常聚集在低洼的凹地里。在行走时，最好要远离低洼处。由于有毒气体里含有大量可以燃烧的气体，所以在浓度较高时，千万不能使用火，以防止发生火灾，造成伤亡。第二，注意防雾气。雾气多是沼泽地里的家常便饭，明显的特点是，早晨与傍晚的雾气重，严重的地方可以是"三米之内不见人，半步之遥无缘见；伸手五指不见，低头双脚难看"。沼泽地由于空气不流通，空气含水量常常处于"饱和状态"，造成浓雾大，时间长久。所以在沼泽地附近行走，要密切注意道路情况，最好不要在雾气大时行走在沼泽地，以防止迷路，更要防止掉入陷阱，造成无法挽回的悲剧。第三，注意防隐蔽陷阱。在沼泽地里，有的陷阱非常隐蔽，常常被灌木、植被遮盖，而且直径很小，很不容易被发现，一旦不慎踩在上面，很快就会被污泥卷入，逐渐被淹没。因此，未成年人最好远离沼泽地，实在不得不在沼泽一带行走时，应该特别注意脚下的每一点、每一块，任何时候都不能放松警惕性。最好找一根长树棍，在危险地段，逐步试探，确保万无一失。

备忘录

沼泽地域的环境比较恶劣，气候变化无常，卫生条件差，人员容易遭到病菌的入侵，因此要百倍地提高警惕。要眼观六路，耳听八方。

87.在原始丛林里活动应该怎么办?

真实事件(一群毒蚊子朝着火光飞来)

　　1966年的夏天,两名学生徒步去井冈山,在进入山区时,迷失了方向,进入了原始丛林里。两人在丛林里盲目前进,当夜幕降临时,为了取暖,他们点燃木柴,烤着带来的干粮吃,根本不知道死神已经临近。一群毒蚊子朝着火光飞来,把"侵入"它们领地的学生叮咬得遍体鳞伤。第二天早晨,两人就再也没有起来。

 **错误做法**

Ⓐ 没有原始丛林中的生存常识,麻痹大意,随意在林子里点火。

Ⓑ 不知道怎么样才能紧急保护自己,没有对付蚊虫的经验。

正确做法

Ⓐ 原始丛林里危机四伏，必须时刻提高警惕。

Ⓑ 注意突然出现的野兽与毒虫。在丛林里行走与休息时，危险最多的就是野兽的突然攻击。如蛇、野狼、野狗、毒蜘蛛、毒蚊子、蝎子、毒蚂蚁、毒蜂等等，都是攻击人的凶猛杀手。

Ⓒ 警惕迷路与绕圈路。在原始森林里待过的人，或多或少都有过迷失方向与走绕圈路的经历。有时费了九牛二虎之力，走了一天的路程，可是仔细一辨认，方向差了"十万八千里"；有时还会在原地来回打转，无论怎么努力，就是走不出去，而且越是着急，就越出不去，好像中了魔一样。

Ⓓ 注意寂寞与恐怖引发的精神失常。在原始森林里，最难以忍受的还有寂寞与恐怖。出奇的寂静，仿佛空气在凝固，时间已经停止，给人的心理造成强烈的冲击与震撼。白天在遮光蔽日的阴森的杂树丛里走，晚上在极度寂寞的黑暗里休息，无形的精神压力会令人窒息。如果不注意适当的调整自己的情绪，稳定自己的心理，长时间使自己处于应激状态，就可能会引发精神疾病。

Ⓔ 注意美丽杀手——花粉。原始丛林中，许多鲜花是不能随便摘的，它们为了抵御"敌人"的入侵，经过几亿年、几万年的演化逐渐地产生了毒素，在花粉上还有许多能使人过敏的物质，只要你碰它、侵犯它，它就会报复你。

你该怎么办？

备忘录

     未成年人没有大人陪同，千万不要擅自闯入原始丛林。如果万不得已进去了，就要做一个胆大心细的勇士，按上面的注意事项去做。

88.在白茫茫的雪地里活动应该怎么办？

真实事件（玩得太过，视力变得模糊了）

　　春节期间，居住在海南岛的学生王亦与爸爸到北方旅游。看到了以前只是在电视里看到的雪，他高兴得手舞足蹈，尽情玩了起来。他和爸爸堆雪人，打雪仗，仔细观察树枝子上挂的雪花，躺在雪地里照相。三个小时后，两个人都感到眼睛火辣辣地疼痛，视力模糊，总是流泪，医生诊断为"雪盲症"，经过一个月的治疗，眼睛的视力才慢慢恢复。

错误做法

Ⓐ 没有在严冬里预防疾病的经验。

Ⓑ 预先没有学习必要的雪地防护知识。

Ⓒ 在雪地里活动时间过长，没有保护好眼睛。

正确做法

Ⓐ 注意预防"雪盲症"。"雪盲症"由于是长时间在雪地里活动，阳光照到雪地上，紫外线反射到人的眼睛里，造成人的眼角膜和结膜损伤，是一种急性眼病。常常是同时侵害双眼。"雪盲症"的主要症状是：眼睛里有异物感、痒痒、难受、流泪、怕光，看东西模糊，经常有黏稠之物从眼睛里分泌出来。发病后的 1～2 小时内的症状最为严重，只要好好的治疗与休息，一般 7 天就能痊愈。在雪地里活动，预防"雪盲症"十分重要，可以戴一个有色眼镜，就是阴天也要

戴。没有有色眼镜时，也可以在硬纸片上对着双眼各割一个水平裂隙，将纸片固定在眼前，通过裂隙看物。还可以用手绢、衣服、自制草帽、毛巾遮眼，或者把眼眯起来，也可以减少紫外线的反射光对眼睛的照射。

Ⓑ 注意防摔伤与雪崩。雪山与雪海的环境恶劣，通常平均气温在零下20多度，最寒冷的地方可以达到零下60多度。食物匮乏，供给困难，一片荒凉与寂寞。若遇到大风，气温突变，雪崩会无情地袭击你，甚至会有生命危险。如果保护措施不正确，躲闪不及，会造成摔伤，甚至危及生命。因此，在雪地与雪山活动要格外小心，谨慎迈好每一步。要不时地对周围的环境进行勘察，判断雪的厚度、松软情况，远离看着十分危险的地段。注意认真倾听声音，有的雪崩发生前，会发出隆隆的响声，使自己有预警时间，预先做出防范。如果在比较光滑的雪地里行走，要找一根树枝，使自己的着力点平稳。

Ⓒ 注意暴风雪的袭击。在白茫茫的雪地里，经常有大风刮起来，六七级的大风，把雪卷起来，呼啸着吹向天空，遮蔽日月，气温骤然下降，令人心惊胆战。在外活动时，如果遇到了暴风雪，要迅速隐蔽，注意防寒保暖。饮食上以高热量的食物为主，增加脂肪、糖与蛋白质的摄入量。衣服的袖口、裤脚和腰带要扎紧，戴口罩、风镜、手套、棉皮帽子。选择避风、干燥的地方休息，有条件的话，可以烤火取暖。无论暴风雪有多么大，在没有任何保暖措施的前提下，千万不能在雪地里休息，更不能被暴风雪吓倒。要坚定勇敢，给自己以巨大的鼓励。

备忘录

在雪地里活动，一要注意防冻疮；二要注意防摔伤；三要注意防雾。雪地里经常有大雾，雾气增加了雪地活动的危险。因此起大雾时，最好不要在雪地里活动。

89.在崎岖不平的高山峡谷中活动应该怎么办？

真实事件（奇怪，兔子能把人砸伤吗？）

去年暑假，两名喜欢探险的学生到郊区爬山，进入到一个深山峡谷里。突然，一个学生看到了一只行动迟缓的大兔子，忘乎所以地追了起来。兔子跑到山谷的一处岩石上，学生在下面追。另外一个学生捡起石头朝兔子砸去，石头打在一块大石头上，突然山石散碎，滚落下来，两名学生躲避不及，一个被砸伤小腿，一个被砸伤了腰。

哇呀

NO!

错误做法

A 随意追逐动物，没有考虑到可能的危险。

B 乱扔石头，没有预见石头后的危险。

C 紧急逃生不正确，反应不灵敏。

YES!

正确做法

A 注意山体滑坡。由于山体长年经受风吹日晒，雨水的侵蚀，石头会风化，出现断裂。遇到外力的作用，就会使松散的石头滚滚而下，人在下面行走很危险。对此要重点从三个方面预防：一是加强观察。对山区、峡谷的地形情况要认真地进行观察，发现松散的石头、岩体应远离，切勿接近；二是了解气象情况，

避开坏天气；三是活动中要集中精力，不能忘乎所以。特别是在采摘野果、野菜，观察小动物时，都要随时注意周围的情况。

Ⓑ 注意威力巨大的滚石。在崎岖的峡谷里，经常会发生石头滚落。滚落的石头从数十米的高空下来，威力很大，有时会把直径为几十厘米的大树撞断。因此在崎岖的峡谷里活动，应该注意峡谷上方的石头，不要随意抓藤条与不牢固的树干。发现滚落的岩石后，不要目瞪口呆，应该立刻采取规避措施，迅速躲藏到坚硬的突出岩石后面。

Ⓒ 注意野生动物的袭击。崎岖的峡谷里，有时会有野生动物。野生动物是不欢迎人类贸然侵犯它们的领地的，有时受惊、饥饿的动物会伺机向人发起攻击。所以在活动中，应该注意观察和躲避野生动物的突然袭击。

Ⓓ 注意危机四伏的洞穴。一年夏天，退休的张老师到郊区踏青。中午很累了，在一个山谷的拐弯处发现了一个古老的洞。这时，恰好下起雷阵雨，张老师慌忙进洞避雨。由于光线昏暗，张老师碰到了洞里的一根腐朽的木头。一条凶猛的毒蛇冲了出来，咬伤了张老师，幸亏一个过路的药农救了他。在崎岖的峡谷中活动，会发现洞穴比较多。洞穴中的情况非常复杂，有的洞穴是动物的巢穴，有的洞穴里含有放射性物质，有的洞穴里面有毒气，擅自进去后，就会中毒死亡等等。

备忘录

在崎岖的峡谷里活动，应对可能的危险有充分的思想准备。要选择良好的活动地域，行走的路线要科学，不鲁莽行动；遇到危险后要冷静，要学会在紧急情况下分析与判断问题，临危不乱。

90. 在荒凉的沙漠与戈壁滩里活动应该怎么办?

真实事件（在睡梦里被沙漠掩埋）

上世纪60年代初的一个夏天，几名初中学生志愿到西北农村体验生活。他们背着行李，顺着古代战争遗址前进。在经过一片沙丘时，他们觉得很累，躺在沙丘下面的低凹处睡着了。结果沙尘暴突然光临，他们很快就被埋在沙漠之中。幸好遇到了两名解放军测绘员，把他们及时救出，否则就可能永久地躺在沙漠里了。

错误做法

Ⓐ 对沙漠不了解，休息的地点没有选择好。

Ⓑ 没有预先考虑危险，休息时没有警戒。

YES! 😊 正确做法

　　沙漠与戈壁滩的气候十分复杂与恶劣,降雨量少,太阳辐射强烈,经常会有沙尘暴。在这样的地方活动,需要特别注意以下几点:

Ⓐ要预防沙尘暴。刮大风时,注意隐蔽,保护好身体,特别是对眼睛与呼吸道的保护。

Ⓑ要保存体力,减少不必要的体力消耗。

Ⓒ要注意珍惜水,出发前要饮足水,带足水,途中要少饮水,常饮水,慢咽润喉。

Ⓓ休息时选好地点。沙子是流动的,在沙丘下低凹处休息很危险。要选择平坦、避风的地方休息。

Ⓔ要防高温,夏季的气温很高,白天炽热的太阳会把沙漠与戈壁烤得很热,局部最高温度可以达到50℃,能把鸡蛋烤熟。在沙漠中要穿浅色旧衣服,这样可以减少吸收太阳辐射;头上戴草帽,带深色的风镜防"沙盲",要避开高温的时间段外出活动。

Ⓕ要防攻击性的食肉蚂蚁。在沙漠与戈壁滩上生存着非常凶猛的食肉蚂蚁,它们对人与其他动物的气味非常敏感,群体攻击能力相当强。经常是数十万只蚂蚁行动,吃肉时产生一种腐蚀性的物质,几十分钟就会把动物腐蚀掉。

备忘录

　　沙漠与戈壁滩非常危险,要时刻提高警惕。经常预想危险的发生,及早准备应急的措施与办法。

91. 遇到江、河、湖、海怎么办？

真实事件（被旋涡卷到河底暗井）

去年的暑假，学生加加去南方看爷爷。爷爷家在山区，四处全是河流景色，非常美丽。一天，他独自上山时，路过一条小河，河上本来有桥，可是他以为河里水浅，就随意下水了。谁知走到河中心，水特别深。他惊慌失措，被旋涡卷到河底的暗井里。他拼命挣扎，多亏被当地的一位农民发现，才得以生还。

救命啊！

NO!

错误做法

Ⓐ 对河水情况不了解就盲目下水。

Ⓑ 发生意外惊慌失措，没有应急办法。

Ⓐ 全面观察，心细如发。站在岸边，认真查看水域的情况，特别是水的流速、深浅、温度、波浪大小、潮涨潮落情况，水中有无杂草，有无旋涡与暗流，以及岸边的环境、对岸的情况，风速大小，水底的质地（沙、石、淤泥）等等。还要观察有无水蛇、水蛭等，做到心中有数。

Ⓑ 采用简易法测水流速度。测量水流速的办法是：在岸边刻计两点，以脚站的地方为一个点，走大约130步（每步大约76厘米，130步大约是100米）为一点，把一根木头放入水里，记录木头通过完两点的时间，用时间除以距离100米，得到的数就是水流速度。如果没有表，可以数数，"1、2、3"为一秒，计算时间。

Ⓒ 抛石听声法测算水深。涉水前，探察水的深浅非常关键，如果水深，流速快，情况不明确，就不要强行涉水，以防止发生不测。测算水深的方法比较简单，应该采取逐渐抛石听声法。在岸边根据河流的宽度，选取数十块鸭蛋大小的石头，由近到远，直至到对岸逐渐抛石头，仔细听声音的大小与高低。声音轻而浅的，说明水浅，声音重而深的，说明水深。

Ⓓ 概略测量水温。大家都看过《泰坦尼克号》的电影吧，很多落水的人都死于寒冷的海水。江、河、湖、海的水温昼夜温差很大，白天有太阳的水温度比较高，晚上比较冷。人在没有任何保护措施的前提下，在冰凉的水里不能停留时间过长，否则会发生血液循环障碍，心脏跳动终止。所以在涉水前，必须要概略测量水的温度。在没有精确仪器的情况下，可以用手触摸，

你该怎么办？

凭手的感觉，判断出水的温度。根据温度、水的宽度，再确定自己涉水的时间与地点。

Ⓔ 物资准备。根据当时涉水的情况，可以准备些树枝子、树木、竹子、藤条、绳子与食品。涉水前，加强营养，多吃含糖、含脂肪高的食品，增强耐寒能力。上岸后注意保温，及时换掉湿衣服。

Ⓕ 不冒险。遇到水不深，可是水域却很复杂的河流时，可以采取安全涉水法。先用足够长的绳子一端绑在岸边的牢固树上，而后用另外一端把自己绑好，逐步涉水，发现淤陷及其他紧急情况后，立刻拽绳子上岸。

Ⓖ 学会简易小舟与竹排的制作。当判断水很深，温度低，水面又比较宽时，绝对不能强行涉水，应该就地取材，制作简易小舟或竹排。只要因陋就简，善于就地取材，向当地人请教，小舟与竹排就会制造出来。制造简单的小舟与竹排，一定要牢靠、安全，有足够的浮力。

备忘录

小舟的制作方法是：选取直径约50厘米，长6～8米的树，最好是将两棵树绑在一起。如果有合适的工具，最好把树干掏空，使它容积大一些，以保证足够的浮力。竹排的制作方法是：选取粗壮的老竹子，直径在10厘米以上，长5米以上，数量在12根以上，用绳子打死结，将每根竹子连接在一起，横向用5根短竹子加固，就基本上完成了一个简易竹排。

92.游泳时遇到紧急情况怎么办？

真实事件（被水草缠住）

　　去年夏天，两个学生偷着去河里游泳。游了一会儿，他们打赌说看谁能扎猛子，比谁扎的时间长。两人分头扎入水里，其中一个同学被水下密集的水草缠绕住了，挣扎了半天，耗尽全身力气，也没有摆脱危险。眼看就要沉入水底了，幸亏被一位好心的路人发现，奋力抢救，那同学才得以生还。

你该怎么办？

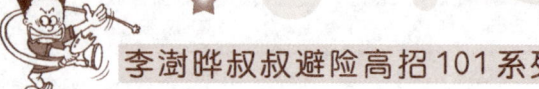

NO!

错误做法

Ⓐ 对河水情况不了解，轻易下河游泳。

Ⓑ 在河中比赛扎猛子，将自己置于险境。

YES!

正确做法

Ⓐ 认真做好下水前的准备活动。下水前，应该进行适应性的锻炼，把身体的各个部位活动开，使筋骨舒畅；用冷水擦身体，使全身逐步适应冷水的刺激。

Ⓑ 遇到水草时，一般要停止前进，迅速绕开水草。一旦被水草缠绕住，可以采取仰躺水面法，加强身体的浮力，不能胡乱蹬踏，更不能手忙脚乱，以防止出现越蹬越缠紧的情况。通常做法是，平稳呼吸，用一手划水，一手慢慢解开水草。

Ⓒ 遇到旋涡时，应及时避开，如果不幸被旋涡卷入其中，也要冷静，以仰泳、蛙泳姿势，平衡身体，而后迅速划水，朝旋涡的外径冲。一定要远离旋涡中心，因为中心的吸力最大。

Ⓓ 遇到暗流时，一定不能潜泳，要以较快的速度离开。记住：一般有暗流的地方，其水下的地形十分复杂。稍微不注意，就可能会被暗流冲走。

Ⓔ 遇到风浪时，应该根据风浪的方向、波峰的高度、冲击力的大小，确定穿浪的方法与时机。穿浪时呼吸要平稳，赶在风浪的间隙深呼气，憋住一口气后，以蛙泳姿势全力划水。在风浪里游泳，要科学借助风浪的力量，有规律地划水，可以保存体力。

Ⓕ 在海中游泳，遇到海蜇时，要及早避开它，不要好奇地接近它，以免被海蜇蜇住身体。

Ⓖ在海中游泳，遇到鲨鱼时，要迅速上岸。边向岸边游边观察鲨鱼的情况，防止遇到攻击。

Ⓗ当自己腿或脚抽筋时，千万不要紧张慌乱，更不能出现身体的失控。遇到小腿抽筋，应采用拉直法处理。要领是：先平稳住身体，深吸一口气，用相反的手拉抽筋的脚指头，而后用另外一只手推压在抽筋的膝盖上，帮助小腿伸直。如此反复几次，就能解脱。

Ⓘ当耳朵不慎进水时，不要用树枝或者火柴棍掏挖，可以单腿弹跳，头侧向一边，将水引出来，或用手捂紧进水的耳朵，猛地拿开，用气压的作用让水流出来。

Ⓙ科学救护。发现有人溺水时，如果身边有绳子、长树枝或竹子，可以把它们扔给或递给溺水者，使其抓住，拉他上岸。如果什么器材也没有，可以根据溺水者的位置，选最近的距离下水，从背后接近溺水者，以防止被溺水者抱住。救其上岸后，立刻清除溺水者口、鼻内的污物，保持呼吸道顺畅。如果没有呼吸与心跳，要立刻进行人工呼吸与心脏按摩，争分夺秒，以最快的速度恢复呼吸与心跳。

备忘录

　　在水中遇到的困难，有时会令你束手无策，就像"黑旋风"李逵，在岸上是下山猛虎，勇不可挡，可是到了水里就成了一条虫子，任人欺负。因此，下水游泳一定要慎之又慎，绷紧"安全"这根弦。

93.在野外临时休息应该怎么办？

真实事件（惊恐万分，哮喘病也犯了）

去年夏天，15岁的雅兰与妈妈、爸爸一起到郊区旅游，由于气候炎热，出了很多汗。妈妈多次劝她休息一下，她就是不听，仍然顶着烈日玩。后来实在坚持不住了，就来到了一棵树的后面，迷糊着睡着了。正在她似睡非睡时，藏在树上的一条颜色与树皮一样的毒蛇慢慢地爬下来，狠狠地咬了雅兰一口。她受伤惊醒后，发现自己被蛇咬伤，惊恐万分，哮喘病接着就犯了，昏迷在地。父母急忙把她送进医院，经过抢救，才脱离了危险。

错误做法

Ⓐ 在野外休息不注意观察周围的情况，排除危险因素。

Ⓑ 没有被毒蛇咬伤的急救知识，精神紧张，导致犯病。

 **正确做法**

Ⓐ 认识休息的重要性。充足的休息是保证身体各器官正常运行的关键。在野外活动容易疲劳，更要注意休息。

Ⓑ 旅游途中，在野外休息一定要注意安全。不要不经观察就随意坐在树下，靠在树旁，躺在草丛里，卧在沙滩上或睡在岩石上，有些危险就是在不经意间发生的。

Ⓒ 休息前，要仔细观察环境，要养成观察地形地物的好习惯，看看休息点周围，如有无毒蛇、毒虫在隐藏，有无容易发生塌方和山体滑坡的地貌，有无山洪冲击的可能，有无雷击的危险等等，排除了这些危险的存在，才能选择好安全的休息地点。

Ⓓ 注意休息中的警戒。如果是两人以上在野外休息，至少应有一个人处于警觉状态，对可能发生的危险做出反应。

你该怎么办？

 **备忘录**

俗话说："老虎打盹都睁一只眼睛。"野外危机四伏，休息时也不能放松安全这根弦。

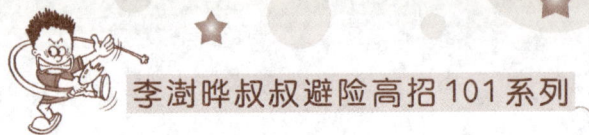

94.不知道如何长期坚守等待救援怎么办？

真实事件（6天的食品，3天吃完）

　　1969年的一个夏天，野生动物研究员玛娅女士与植物学家琳娜女士相约到非洲某地进行科学考察工作。两人各自开着吉普车，分头向目的地行进。途中，发生了同样糟糕的情况，但是由于处理的方式不一样，结果也大不一样。两人的吉普车前后相距80公里，几乎是同时陷进了沼泽地，在荒凉的灌木丛林里，她们各自为生命而努力。由于荒凉的灌木林里根本没有人烟，她们都感到只能靠自己了。但是琳娜比较粗心，没有想到要长期坚守的问题，没有计划地轻易地把可以维持6天生命的水、食品3天就吃光了。她认为救援人员会很快赶到，结果苦苦熬了6天，没有等到救援人员，她在绝望的痛苦中死亡了。相反，玛娅女士很有经验，她根据当时的特殊情况，认为可能需要长期坚守。于是她把车上的食品、饮水、物资等全部安全保管好，科学计划每天最低限度的饮食与饮水，结果成功地坚持了7天，终于等待了救援人员，顺利脱险。

NO! **错误做法**

Ⓐ思想准备不足，没有长期坚持的准备。

Ⓑ麻痹大意，不知道科学分配食品。

 YES! 正确做法

（A）在外活动遇到危险后，感到一时无法解围时，就要耐心长期坚守等待救援了。长期坚守无论是露天休息，还是住在简易房子里，都不能麻痹大意。要认真仔细地把休息地周围的杂草全部清理干净，建立隔离壕。比较专业的隔离壕是：壕深50厘米、宽40厘米，壕沟的底部均匀撒上一些草木灰、石灰粉、野蒿子草灰、木炭、烟丝或松油，能驱赶毒蛇与毒虫。

（B）认真检查自己的身体情况，携带的食品与饮用水、药品情况以及生活必需的物品(衣服、火柴、刀子、手表、收音机、照相机、钢笔、录音机、摄像机、手机、笔记本)等等，心中有数后，集中存放，妥善保管，合理使用。千万不可以滥用，出现浪费现象。记住：在外没有任何援助的情况下，任何物资都可能是延续生命的"救生圈"。

（C）必须认真、细致地勘察地形，了解环境与气候，掌握可能发生的危害。积极发挥主观能动性，把各种情况摸清楚，确定安全的休息地点。最好挖一条排水沟，使休息地点或者简易房子周围不存积污水，保持环境的清洁。

你该怎么办？

备忘录

　　侦察兵在野外常用的"自绊绞索"法，对防御野生动物的袭击很有用。"自绊绞索"法是在没有任何专业器材的情况下，以树枝、石头、木柱、藤条等为材料，预计在野兽可能出没之处，精心地固定好数排树枝子，并在上面放上一些石头，巧妙地用藤条设置一个"自绊机关"。如果野兽闯上来，"自绊机关"开启，树枝子带着石头突然砸下去，把野兽吓跑或砸伤。

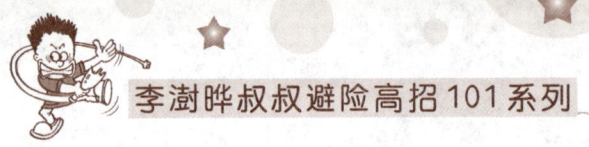

95.不会搭建简易房怎么办？

真实事件（爷爷弯腰护着孙子，早已身亡了）

前几年，某地一位长期在山上采摘蘑菇的老人，搭建了一个简易房子。小屋的支架是用草绳子捆绑的，不是很结实。一天，放假的13岁的孙子来陪他采蘑菇，天上下起了大雨，雨停后老人没有及时检查支架的固定情况，结果夜间刮起了大风，把本来已经松动的草绳子刮断了，造成简易房子倒塌，把他与上初中的孙子压在里面。等人们前来营救时，发现爷爷弯腰护着孙子，早已身亡了。

 **错误做法**

Ⓐ 没有搭建简易房子的经验，使用的材料不结实，留下了安全隐患。

Ⓑ 麻痹大意，雨后没有及时检查简易房子的安全情况，没有进行重新加固。

Ⓒ 夜间睡觉睡得太死，大风天没有注意警戒。

YES! 😊 正确做法

Ⓐ 如遇到特殊情况，长期在外坚守，房子是生存的重要基础。可以因陋就简，搭建简易房子。无论是什么季节，简易房子的建设地点应该选择在干燥、地势较高、通风阴凉处。还要注意房子的通视效果要良好，便于观察，便于活动。

Ⓑ 可以借助特有的地物搭建房屋。如洞穴、遗弃的窑洞、自然形成的凹沟、粗大的树洞等等。但一定要注意选择安全地点，避开危险地形和野生动物出没的地方。

Ⓒ 可以就地取材。如果石头多，没有树与竹子，就可以用石头为材料，以干打垒的方法围成几平方米的石头墙，房顶以草、树枝搭建。如果土多、水多，可以把土搅拌成泥，而后用泥围成几平方米大小的土墙，房顶以树枝、干草及就地的植被搭建。如果竹子多，可以架立一个悬空三角窝棚。三角窝棚的悬空距地高度应该在1米以上，长2米、宽1.5米，开口应该避风向阳。三角架子互相连接的地方，应该用藤条、草、细树枝捆绑结实，防止风刮倒。下雨时要注意窝棚的情况，发现异常情况，及时固定。

你该怎么办？

备忘录

　　野外遇险等待救援，利用地形地物搭建简易屋子是个保存体力的好办法。但一定要有相应的知识，不然会弄巧成拙，增加危险性。

96.不掌握野外消毒技术怎么办?

真实事件（脸和皮肤都烧伤了）

　　上世纪70年代，几个青年学生到农村参加生产劳动。他们把帐篷扎设在一片低洼的乱草地，晚上休息时感到皮肤发红、瘙痒，很难受。当地老乡讲，在睡觉的地面撒一些生石灰粉就可以解决问题。于是，他们找来大量的石灰粉，四处乱撒，草垫子下面、被褥上、箱子上、凳子上、脸盆里，到处都有生石灰粉。他们劳动回来，进入帐篷休息，由于身上全是汗，生石灰粉粘到他们身上，把皮肤烧得火辣辣的。一个同学用脸盆洗脸时，忘记了脸盆里的生石灰粉，还把脸给烧伤了。本来是想消毒，却带来了新的痛苦。

NO!

😞 错误做法

Ⓐ 缺乏消毒知识，只知道生石灰粉能消毒，却不知道生石灰粉对人体会有伤害。

Ⓑ 过量使用石灰粉，铺撒的地方不对。

YES!

😊 正确做法

去野外最好带上消毒液，如实在没有消毒液，就要借助其他方法了。掌握简易消毒法十分重要，常用的方法是：

Ⓐ 石灰粉（水）消毒法。生石灰水是最为简单的化学消毒剂，它的杀菌作用比较强，性质稳定，不受环境与温度限制，能使许多病原菌的繁殖受到抑制，直至死亡。它取之简单，用时方便，但有一定的腐蚀作用。可以在床下面，房屋周围，铺撒生石灰粉，也可以用生石灰水将所需消毒物品进行擦、洗，尤其可以用做对地面的消毒。但是要注意，生石灰绝对不能误入口中，或溅到皮肤上，用生石灰粉擦洗物品时，需要戴上橡胶手套。

Ⓑ 开水消毒法。开水煮沸法是最常用、有效、可靠、简单的方法。大多数病原微生物在100℃的沸水里，5分钟就会死亡，30分钟能杀灭芽孢。把耐煮的物品放入水里，水应该全部淹没被消毒的物品。容易浮在水面的物品要用物品压上以防止浮在水面影响杀菌效果。加入柴火，将水烧开。一般物品煮10～15分钟，物品比较多时，煮30分种，病菌就会被杀死。水蒸气的热量大，使物体受热快，穿透力强，是一种效果好，简单实用的消毒方法。在常压下使用蒸气法，100℃的高温，时间应该控制在

你该怎么办？

30分钟以上，才能达到消灭细菌的效果。

Ⓒ 太阳光消毒法。太阳光具有消毒杀菌和促进血液循环的作用。太阳光里有一种能杀灭细菌的光线，叫紫外线，人的肉眼看不到它。紫外线的穿透能力弱，只适合于表面消毒。衣服、被褥、草垫子、床、餐具、用具、身体表面、化脓感染的伤口在阳光下晒几个小时，就能达到杀菌消毒的目的。大件物品应该在阳光下晒6小时以上，以达到彻底消毒的目的。

Ⓓ 火焰消毒法。火焰消毒是直接用火焰的热力杀灭细菌，热力越大，温度越高，时间越长久，效果越好。此方法安全、可靠、简单，不受条件限制，是最原始、最古老的方法了。具体方法是：将不怕燃烧的物品直接放在火焰上烧。火焰的温度高，杀菌效果好。最好把物品放在火焰的上方，因为最上方的火焰温度最高。此办法非常安全可靠，所需要的时间短，一般烧灼几秒钟到1分钟的时间，就能很彻底地消毒灭菌。

备忘录

用火消毒时，要控制好火源，以防引起山林大火。在野外认真、科学的消毒，对于你的身体健康，保持充沛的体力，是很重要的。

97. 不会根据动物与植物判断天气怎么办？

真实事件（动物异常，没有引起警觉）

一天夜里，学生曹雨与好同学嘉嘉来到一个山脚低洼处抓蛐蛐。他们使用的应急灯很亮，忽然发现很多飞蛾扑到灯前，还听到附近的池塘里传来一阵蛤蟆的叫声；接着，又感到空气中有一股腥味，看到数十条蛇拥挤着通过一条小路，两个人被这个奇特现象惊呆了，特别兴奋。等蛇过去后，他们继续抓蛐蛐。一会儿的工夫，雷阵雨突然降下来，引发了泥石流。处于低洼处的曹雨与嘉嘉，被泥石流压埋，挣扎了半天，耗尽全身力气，也没有挣扎出来。眼看就要没有希望了，幸亏几位下夜班的采石场工人路过这里，才及时将曹雨与嘉嘉救出。

错误做法

Ⓐ 天黑了还在山脚处逗留，闻到空气中的腥味没有引起重视，不知道这是坏天气的先兆。

Ⓑ 没有野外判断天气的知识，看到群蛇通过，没有联想到暴雨将至；不知道飞蛾和蛤蟆异常预示着大雨即将到来。

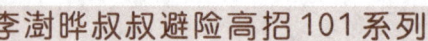

正确做法

许多动物和植物对天气的变化十分敏感，甚至有预报天气的功能。平时要学会观察动植物，积累了经验以后，你就能预报出天气来了。

Ⓐ 观察动物。看鱼的异常反应：如果看到水中有鱼跳出水面，或者吃力地用嘴伸出水面呼吸新鲜空气，这与大气气压有直接的关系，说明水里的氧气减少，不久大雨就会到来。看蝌蚪的异常情况：如果在河塘边的浅水域里发现许多蝌蚪来回游荡，惊慌失措、急不可耐的样子，预示着可能有雨。看甲鱼的背部：如果发现甲鱼大量爬上岸，而且背部有露珠状的水滴出现，说明雨将来到。看蝗虫的活动规律变化：当发现蝗虫突然的集体消失了，说明最近要有雨到来。看蚂蚁活动异常情况：如果看到大量蚂蚁集体着急地行动，而且是往高处爬行，嘴还衔着食物，说明蚂蚁在搬家，预示着要长时间地下雨。看燕子低飞表演：突然发现燕子超低空飞行，而且是匆匆忙忙来回盘旋着飞，说明大雨将至。看蚊子及小飞虫的活动情况：如果发现满天的蚊子与小飞虫聚集在一起，绕圈群飞，不去咬叮动物了，而且很嘈乱，说明风雨就要来到。看野鸽子与野喜鹊出巢穴与回巢穴的情况：如果早晨观察到野鸽子与野喜鹊不出巢穴，晚上看到鸽子与野喜鹊早早回归巢穴，说明要有雨到来。看蜻蜓的飞行状态：看到蜻蜓不是在树丛里飞来飞去，而是显得紧张，群飞群舞，说明风雨将至。看松鼠搬家：在冬天，如果发现松鼠把松子衔在嘴上，着急地运送到窝里，而且是不停地运送，说明大雪将至。看蚯蚓的藏身地点：野外可以认真看蚯蚓的藏身情况，在天气炽热，大地干裂之时，如果蚯蚓不藏在地下，着急

地出来晒太阳，说明有雨来到。当天气阴雨连绵之时，看到蚯蚓从地里着急地出来喝水，说明很快要晴天。发现蛇集体拥挤着过道时，说明一会儿就有暴雨到来。看麻雀屯粮：如果是冬天，就可以观察麻雀，当发现麻雀屯积粮食时，预示着要下雪。

Ⓑ 观察植物。看早晨树叶子"洗脸"：早晨，如果你发现有些树的叶子上有水珠子出现，就预示着空气潮湿，可能要下雨了。看树皮"哭泣"：在南方有一些树会"哭泣"，当地的老百姓知道，如果发现树皮"流了眼泪"，说明要下大雨了。看树枝的坚硬与柔软情况：如果天气干燥，干旱严重，突然看到树的最上面的枝子柔软、鲜嫩起来，说明有雨要来。看树的颜色：早春季节，如果发现柳树的顶端开始拱出绿芽，说明天气将转暖。看落叶情况：秋天，如果发现树叶子飘落较快，而且是大量的，预示着气温马上会下降。看小草的精神：在野外的早晨，如果看到小草上到处都是晶莹的水珠，而且在日光出来后，长久不挥发掉，同时小草的长势喜人，绿葱葱的，说明最近要下雨了。

你该怎么办？

备忘录

　　牢记谚语："蜻蜓满天飞，风雨在眼前"、"水缸出汗，蛤蟆叫，会有风雨到"、"燕子低飞，蛇过道，一会儿就有雨来到"、"蚂蚁搬家山戴帽子，大雨很快就来到"、"金边小蚂蟥，争着出水来，天气最近要不妙"、"泥鳅水中出，老天爷把气出"、"龟背湿，雨湿湿"、"星星晚上独自哭，夜间天空会淋泪"、"风在雨前，雨就走；雨后无风，雨久留"、"早晨遇见雾，出门暖盈盈"、"突然地来潮，随后雨就到"、"腥气味来到，风雨接着到"、"雷电像把伞，大雨下不完"等等。

98.不会根据日月星辰预报天气怎么办？

真实事件（奇特现象是陷阱）

　　去年夏天，中学生杨红与妈妈、爸爸到郊区游玩。出门前，他们全家人看到东边刚刚升起的太阳附近被红色的霞光笼罩，景色奇特，特别兴奋。到了山区，看到有很多乌云相交在一起，互相叠加着，急速运动，非常壮观。他们没有意识到大雨就要来临了，继续在山谷里玩。突然电闪雷鸣，暴雨降临，山谷两侧大量的土、碎石子被大雨冲下来，一下子把他们一家人冲下了沟里。全家人被掩埋在了泥土里，多亏被路过的群众发现，及时将他们救出来。

错误做法

Ⓐ 没有野外判断天气的知识，看到早晨太阳周围有霞光，没有联想到大雨将至。

Ⓑ 不知道乌云相交在一起，互相叠加，急速运动，预示着大雨即将到来，还继续在山谷里玩。

YES! :) 正确做法

　　云平时是非常美丽的，然而有时它也会变得异常奇特。根据它的变化，就能判断出天气的变化情况。

　　日月星辰是自然的天体物质，它的运行与地球的运转有着直接的关系。由于温度、湿度、气流、气压的变化，大气层也在不断地随之变化着，出现的一些特殊天文现象，会直接影响人们观察日月星辰的效果。日月星辰表现出来的各种情况，就预示着天气的变化情况。因此要学会观察云，掌握日月星辰的"脸色"，弄清楚日月星辰、云彩与天气变化的关系，做到心中有数。我国的劳动人民根据多年的观察总结，掌握了很多日月星辰与云彩的变化规律。

Ⓐ如果看到天空有很多的云相互交叠在一起，而且杂乱无章，碰撞挤压，行动速度快，可能要下雨了，需要提前准备防雨，或者是防备泥石流的发生。

Ⓑ如果在傍晚的天空，看到许多乌云从西方向东方缓慢移动，最后追上了马上要落山的太阳，并把太阳光给遮住了，肯定夜间要下雨。要注意夜间的防护准备，远离危险的凹地、狭窄的山谷与容易发生泥石流的地点。

Ⓒ春夏之交的季节，有经验的农民看到天上的云像梨似的，就赶快准备播种了。在这个季节里，层积云云块下垂像梨一样，慢慢地当云块合并时，云层变厚，成为雨层云，就会下起连阴雨。

Ⓓ民谚说："晚霞行千里，早霞不出门。"夏天的早晨，往东边看，如果看到太阳公公身边散发出许多红彤彤的霞光，说明空气中水的含量高，白天要下雨。夏天的傍晚，往西方看，如果

你该怎么办？

看到太阳公公披上了彩霞，说明明天的天气非常好，晴空万里，可以放心出门。

E 夏天，如果白天是阴天，看到天际边云层发白发亮，说明有大雨要下来。抬头往天上看，如果天上的云彩已经散尽，露出了青天，说明天气马上要转晴。

F 夏天，如果黑色云彩低沉，观察云的移动方向很重要。云彩向东移动，说明天气即将转晴，但肯定要刮一阵风。如果云彩向西移动，说明雨马上就要到来，必须要注意防雨。

G 根据有经验的山区农民讲，在白天如果太阳周围有晕环簇拥，说明半夜要下雨。晚上睡觉前，应该做好防雨准备。

H 如果晚上晕环出现在月亮的周围，说明白天要刮风。

I 在我国的南方民间有这样一句话："大华晴天，出门不愁；小华阴雨，天天犯愁。"华是在太阳或者月亮周围的内蓝外红的彩色光环。如果是华圈变大，说明水气散去，预示着天气将变晴朗；如果华圈缩小，说明水气聚集浓厚，预示着要连续下雨。需要做好防护的准备工作，防止出现意外。

备忘录

在外旅游，每时每刻都要留心观察天气，掌握"天公"变脸的原因，看万物为什么会喜、怒、哀、乐、愁，把它们要说的话，全部"翻译"过来。学会综合判断天气，掌握出行的主动权。

99. 不会正确发出紧急求救信号怎么办?

真实事件 (活着的500人，竟然送来了死讯)

　　元太祖成吉思汗是我国历史上杰出的军事家，一次他率领数十万大军远征。其中的一队人马(500人左右)侧翼攻击敌人时，中了敌人的退兵之计，被引诱到一个狭窄的山谷里包围起来，情况万分危急。几天的围困，将士们饥渴难耐。他们利用刮起的大风，用箭把求救信发送到天空，随风飞舞。成吉思汗正在着急之时，发现了部下的求救信。打开一看，信上写：大汗，我们被包围了，快来救！成吉思汗看着信眼睛发呆，生气地大骂："混蛋，你们在哪里啊！"成吉思汗手握重兵，却不知道到哪里救人，因为他从信上看不出被困人马在哪儿，只好按照风的反方向盲目寻找。

　　救兵如救火，不容半点耽误。由于四处寻找耽误了救援时间，当发现被围困的士兵时，战斗已经结束，到处都是尸体。如果信的内容全面一些，把大概方位、明显的地物特征、敌情简要说明白，救援人员马上会赶到，来个里应外合。

你该怎么办？

NO! 错误做法

求救信没有说明具体地点，没有标记地形特征，没有说明被围者的具体情况。

YES! 正确做法

Ⓐ 发信号要具体。向外发送求救信号时，要标明自己所在的位置，附近有什么特征，下一步向什么方向走，预计什么时间到达某个地点等，同时还要说明白自己当时的困境是什么。

Ⓑ 留下指示标记。在野外行走，尤其是在一些地形复杂的地方，为了不迷失方向，一般采取刻记法。符号要简单，让人一看就明白。在开阔的地域，每间隔10米刻画一下，在茂密的丛林里，通视不好的地域，每隔2米就要刻画符号。

Ⓒ 以风传信。在古老的万里长城上可以看到许多"城堡"，其实就是烽火台。士兵发现危险后，点燃发烟的物质，让烟借助风飘向天空，把情况报告给远方的指挥员。原始人也知道用风传递情报。他们在上风头，把信息放箭头上，射向天空，使信随着风飘向希望到达的地点。决定利用风送信后，要进行三项准备工作：一是观察气象，判断风力、方向；二是选择发放地点，要在高坡上，山顶上，树上，选择上风头发送；三是选择信的材料，找比较轻的物质，如桦树皮，柔软的大树叶子，纸，布片等等。

Ⓓ 随水流而去。"漂流瓶"的求救方法有古老的历史。采用此方法时，可以就地取材，主要利用岸上各种漂浮力强的植物、瓶

子、葫芦等等。采用此方法发出求救信号，最关键的是要密封好口子，如果途中进水，就半途而废了。

Ⓔ 科学使用光。利用光来发出求救信号，一要利用现有的光源，如果手中有手电的话，可以间断发出救援信号，但要注意节约用电。二要利用火光报警，集中容易燃烧的木柴、草等原料，放在制高点安全处，点火求援。

Ⓕ 呼救的技巧。一是要有明确的目的性。如果附近没有人就不要盲目呼救，以免空费体力；当发现可能有救援人员来到时，则要奋力高喊，力争让救援人员听到。二是要有信心，坚持就是胜利。不要因为喊了几声，没有人理会就放弃呼喊了。三是要懂得科学用嗓子，注意让嗓子休息，劳逸结合。四是掌握一点声音传播的知识，学会借助风力。当看到、感觉到或听到有人来时，应该站在高处，上风头的地方，用双手围成一个喇叭形状，使声音长且有力地传出去。

备忘录

呼救方法有多种多样：如用手敲击木头、摇晃小树、杂草、拍打岩石，也可以用脚踢树、踢草，同时以最大的能力呼喊，让动静与声音尽可能地传出去；也可借助特殊的物质。如果有较长的竹竿、树枝，就可以把鲜艳的衣服、头巾等捆在最高点，制作成简易的旗子，反复摇晃。

100.遇危险心理素质差怎么办？

真实事件（同样的遭遇，却有不同的结果）

谁也忘不了1998年的夏天，我国南方发生了百年不遇的特大洪水，波涛汹涌的洪水把老百姓的房屋冲倒了。一个当时只有几岁的小女孩，在洪水中抓住了一棵小树，整整坚持了16个小时，终于得救了。是什么力量使小女孩顽强地生存下来了呢？是顽强的生存意志。

无独有偶，第二年的夏天，东南亚某国家的南部也发生了一次历史上罕见的洪水。一个小女孩叫尼玛，在洪水里也被围困了16个小时，当救援人员赶到后，发现她的双手死死地抓住了一棵树，已经死亡了。救护人员感到疑惑，认为她不应该死亡。经过尸体解剖，发现她胃里有未消化的食物，全身没有脱水的症状，她没有任何外伤，不可能是因为缺水与食物引起的死亡。是什么原因致使小女孩死亡了呢？最后医生得出一个结论，尼玛是死于——"恐惧与绝望"。

NO! 错误做法

A 尼玛过于紧张，高度恐惧，从而导致心理崩溃。

B 尼玛没有不断地激励自己，丧失了生存的信念，加速了死亡发生。

 **正确做法**

Ⓐ 培养良好的心理素质。同样面对死亡威胁，出色的意志品质，良好的心理状态，是延续生命的关键。在危险到来时，良好的心理素质是激发人体内在动力的主要因素。因此，在平时就要培养自己优良的心理素质和意志品质。

Ⓑ 自觉磨炼。顽强的意志品质是靠平时不断的磨炼，逐步形成的，不是一朝一夕的事情。因此日常生活中，应该主动吃点苦，不怕经受挫折，在挫折和困难面前自觉地磨炼自己。

Ⓒ 必胜的信念永不动摇。信念是人的精神支柱。心理学认为，一个没有信念的人，或者信念不坚定的人，面对危险与突然的情况，是不会从容应对的。坚定的信念可以产生源动力，给人以无穷无尽的力量与勇气。

Ⓓ 调节心态。危急时刻可以想想亲人，可以想想救援人员就会到来，坚定自己活下去的信心和勇气。

Ⓔ 不急不躁，勇于战胜寂寞、战胜黑夜。寂寞与黑夜的感觉非常可怕，调整不好，就可能诱发心理疾病。

　　战胜了寂寞与黑暗，就等于战胜了自我，成功的希望就出现了。如果在野外条件许可，就横下心来，守住自己的"新家园"。这样再面对寂寞时，也就没有那么消沉与恐怖了。要坚信自己能成功生存下去，坚信有人来营救。这样就有力量与信心了。

你该怎么办？

 **备忘录**

　　良好的心理素质是需要长期训练的。平时要敢于面对困难与挫折，不要像温室里的花朵，不经风雨，一旦遇到严峻的挑战，就会夭折。

101. 没有防御"武器"怎么办?

真实事件（武器就在脚下，却被毒蛇攻击）

　　夏天，12岁的张阳到南方旅游。他在一个风景如画、植物茂密的小山上行走，走着走着，突然一条凶猛的蛇吐着舌头，朝他扑来，吓得他目瞪口呆，全身哆嗦。蛇的头部冲向他的腿，狠咬了一口。他又疼又吓，没命地往回跑，一头昏倒在草地上，幸亏妈妈及时赶来，把他送进医院，才保住了性命。

错误做法

Ⓐ恐惧心理太重，没有任何应急反应；脚下就是石头，完全可以当武器，但他没有这么做。

Ⓑ缺乏自救常识，被蛇咬后，没有紧急处理伤口。

YES!

正确做法

Ⓐ 用脚下的石头打击蛇，至少能将蛇吓退。在野外，尤其是草木茂盛的地方，准备好木棍与石头，能够提高安全系数。

Ⓑ 必要时水果刀也是武器。如果随身携带着水果刀，是最好的应急"武器"。可以一刀多用，随时拿在手上，以保护自己的生命安全。

Ⓒ 连体鞋裤。在野外复杂的地域活动，特别是在杂草丛生的环境里活动，可能会遭到毒虫的袭击。因此，要注意打绑腿，扎紧袖口与衣服领子。如果有条件的话，可以自己制作简易的连体衣服，不留有任何空隙，让毒虫没有机会侵入到你的身体。

Ⓓ 绳子与藤条。野外活动中，绳子的作用太大了。可以帮助你捆绑东西；帮助你向上攀爬，跨越障碍；帮助你涉水、渡河；也可以当成防御的武器。有标准的绳子当然好，没有标准的绳子，也可以自己制作。如果有藤条，可以把几股藤条拧在一起，编成长度适当的绳子。如果有草，也可以编织草绳；如果发现了柳树，可以采摘柳树枝，编织成绳子。

你该怎么办？

备忘录

　　野外情况复杂，随身准备一件防身武器，遇紧急情况就不会手足无措了。"武器"不一定都是刀枪，就地取材，它可能就在你的脚下。

后记

　　为了提高学生的自我保护能力，养成良好的安全习惯，机智、科学地规避可能遇到的危险，合理处理危机时刻的关键问题，笔者根据现实生活中经常发生的"悲剧"，有针对性地进行分析，提出解决问题的技巧与办法，使学生在轻松阅读中，掌握更多的生存技巧，提高心理素质，从容面对危机一刻，切实保证生命安全。

　　这本书的完成，得到中国和平出版社领导的大力支持，得到了责编庞旸和王蕾老师的热情鼓励和具体帮助，在此特表示衷心感谢。

李澍晔　刘燕华于北京彩虹心灵驿站工作室

电子信箱：*caihongxinling@sohu.com*